U0180909

冶金工业出版社

普通高等教育"十四五"规划教材

机械原理与机械设计
实验指导书

A Guidebook for Mechanical Principles
and Mechanical Design Experiments

赵玉侠　高德文　狄杰建　主编

北　京

冶　金　工　业　出　版　社

2022

内 容 提 要

本书内容分为机械原理实验和机械设计实验两部分。机械原理实验部分包含机械原理认知实验、机构简图测绘与分析实验、凸轮机构运动参数实验、机构运动参数测定和分析实验、机构创新设计实验、刚性转子动平衡实验、齿轮范成实验、机械原理综合实验；机械设计实验部分包含机械设计认知实验、螺栓组连接实验、带传动实验、齿轮传动效率实验、液体动压轴承实验、轴系结构设计实验、机械设计综合实验。书中部分综合类实验配有实验操作视频和虚拟仿真视频使学生可以更好地体验实验过程。

本书可作为机械类及近机械类相关专业的教学用书，亦可供机械工程技术人员阅读参考。

图书在版编目（CIP）数据

机械原理与机械设计实验指导书/赵玉侠，高德文，狄杰建主编.—北京：冶金工业出版社，2022.11
普通高等教育"十四五"规划教材
ISBN 978-7-5024-9309-7

Ⅰ.①机…　Ⅱ.①赵…　②高…　③狄…　Ⅲ.①机械原理—实验—高等学校—教学参考资料　②机械设计—实验—高等学校—教学参考资料　Ⅳ.①TH111-33　②TH122-33

中国版本图书馆 CIP 数据核字（2022）第 195143 号

机械原理与机械设计实验指导书

出版发行	冶金工业出版社		电　话	(010)64027926
地　址	北京市东城区嵩祝院北巷 39 号		邮　编	100009
网　址	www.mip1953.com		电子信箱	service@ mip1953.com

责任编辑　张佳丽　美术编辑　彭子赫　版式设计　郑小利
责任校对　葛新霞　责任印制　禹　蕊
三河市双峰印刷装订有限公司印刷
2022 年 11 月第 1 版，2022 年 11 月第 1 次印刷
787mm×1092mm　1/16；9.5 印张；225 千字；138 页
定价 42.00 元

投稿电话　(010)64027932　投稿信箱　tougao@cnmip.com.cn
营销中心电话　(010)64044283
冶金工业出版社天猫旗舰店　yjgycbs.tmall.com
（本书如有印装质量问题，本社营销中心负责退换）

前　言

专业实验教学是培养工程类学生实践能力和创新能力必不可少的重要环节。在当下工程教育专业认证背景下，急需对实验教学进行改革与创新，首先要根据教学大纲重新编写实验教材。本书以"机械原理""机械设计"和"机械设计基础"课程的教学目标为基础，以实验教学环节为实践手段，力求让学生在实验过程中巩固理论知识、提高理论应用和动手实践的能力。

本书分为两部分。第一部分是机械原理实验，包括机械原理认知实验、机构简图测绘与分析实验、凸轮机构运动参数实验、机构运动参数测定和分析实验、机构创新设计实验、刚性转子动平衡实验、齿轮范成实验和机械原理综合实验；第二部分是机械设计实验，包括机械设计认知实验、螺栓组连接实验、带传动实验、齿轮传动效率实验、液体动压滑动轴承实验、轴系结构设计实验和机械设计综合实验。机械原理综合实验以自动颗粒包装机实际机器为对象，对颗粒包装机的功能及结构进行分析，选择颗粒包装机的一个运动机构，分析其中每个组成机构的作用，绘制机构运动简图，计算机构自由度，计算运动参数，培养学生综合应用机械原理知识分析和解决问题的能力。机械设计综合实验主要依托全国机械创新设计大赛的题目，设计时注重作品原理、功能、结构上的创新性。学生也可结合大学生创新创业计划项目，动手设计制作机械作品，对完整的机械设计过程有一个全新的了解。此外，本书在每个实验单元后面还配套有实验报告格式和要求，方便学生实验报告的提交与教师批改。

通过实验教学环节，力求提高学生独立思考问题、分析问题和解决问题的能力，培养学生的测试技能、创新意识和创新能力。本书中的各个实验单元相对独立，教师可以根据实际的实验设备及教学大纲选择合适的实验项目授课。

本书由北方工业大学赵玉侠、高德文、狄杰建任主编，其中机械原理实验部分主要由高德文编写，机械设计实验部分由赵玉侠编写，机械原理与机械设计实验报告格式及要求部分由狄杰建编写，全书由赵玉侠统稿。

本书是在北方工业大学机械与材料工程学院机械设计基础实验教学体系与

内容改革研究和实践的基础上编写的，其中的实验项目、内容和方法参照机械设计基础实验中心现有的软硬件条件，普遍适合普通高等院校机械基础实验教学的条件，各同类院校使用时也可根据具体条件做适当调整。

　　本书在编写过程中参考了一些相关教材和资料文献，在此对作者表示感谢。由于编者水平有限，书中不妥之处，恳请广大读者提出宝贵意见。同时，对本书编写过程中提供各种指导和帮助的同行表示衷心感谢。

编　者

2022 年 6 月

目　　录

第一部分　机械原理实验

1　机械原理认知实验 ·· 3

　1.1　实验目的 ··· 3

　1.2　实验设备 ··· 3

　1.3　实验柜内容简介 ··· 3

　　1.3.1　简要介绍三种机器及各种运动副 ····························· 3

　　1.3.2　平面四杆机构 ··· 4

　　1.3.3　平面连杆机构的应用 ····································· 8

　　1.3.4　凸轮机构 ··· 8

　　1.3.5　齿轮机构 ··· 9

　　1.3.6　齿轮机构参数 ·· 10

　　1.3.7　周转轮系 ··· 11

　　1.3.8　停歇和间歇运动机构 ····································· 12

　1.4　实验要求 ·· 13

　1.5　机械原理认知实验报告 ·· 13

2　机构简图测绘与分析实验 ··· 15

　2.1　实验目的 ·· 15

　2.2　实验设备和工具 ··· 15

　2.3　实验原理 ·· 15

　2.4　实验方法和步骤 ··· 15

　2.5　举例 ·· 16

　2.6　思考题 ·· 17

　2.7　常用运动副和构件的表示法 ······································ 17

　2.8　机构简图测绘与分析实验报告 ····································· 19

3　凸轮机构运动参数实验 ··· 21

　3.1　实验目的 ·· 21

　3.2　实验原理 ·· 21

3.2.1 实验装置 ……………………………………………………… 21

3.2.2 实验原理 ……………………………………………………… 22

3.2.3 原始数据 ……………………………………………………… 22

3.2.4 测试系统 ……………………………………………………… 23

3.3 实验步骤 ……………………………………………………………… 23

3.3.1 实验准备 ……………………………………………………… 23

3.3.2 实验方法 ……………………………………………………… 23

3.3.3 软件操作方法 ………………………………………………… 24

3.3.4 注意事项 ……………………………………………………… 31

3.3.5 结束实验 ……………………………………………………… 31

3.4 思考题 ………………………………………………………………… 31

3.5 凸轮机构运动参数实验报告 ………………………………………… 32

4 机构运动参数测定和分析实验 ………………………………………… 34

4.1 实验目的 ……………………………………………………………… 34

4.2 实验内容 ……………………………………………………………… 34

4.3 实验设备及工具 ……………………………………………………… 34

4.3.1 实验系统组成 ………………………………………………… 34

4.3.2 实验机构主要技术参数 ……………………………………… 34

4.3.3 实验机构结构特点 …………………………………………… 35

4.3.4 组合机构实验仪系统原理 …………………………………… 36

4.4 实验操作步骤 ………………………………………………………… 36

4.4.1 曲柄滑块运动机构实验 ……………………………………… 36

4.4.2 曲柄导杆滑块运动机构实验 ………………………………… 37

4.4.3 平底直动从动杆凸轮机构实验 ……………………………… 38

4.4.4 滚子直动从动杆凸轮机构实验 ……………………………… 38

4.5 注意事项 ……………………………………………………………… 38

4.6 思考题 ………………………………………………………………… 38

4.7 机构运动参数测定和分析实验报告 ………………………………… 38

5 机构创新设计实验 ……………………………………………………… 40

5.1 实验目的 ……………………………………………………………… 40

5.2 实验装置及主体功能 ………………………………………………… 40

5.3 实验内容 ……………………………………………………………… 40

5.4 慧鱼（fischer）模型包主要组件的功能及使用 …………………… 41

5.5 熟悉 fischer 模型包的步骤 ………………………………………… 43

5.6 实验报告内容 ………………………………………………………… 43

5.7　思考题 ……………………………………………………………… 43

5.8　机构创新设计实验报告 …………………………………………… 44

6　刚性转子动平衡实验 …………………………………………………… 45

6.1　实验目的 …………………………………………………………… 45

6.2　实验设备及工具 …………………………………………………… 45

6.3　实验原理和方法 …………………………………………………… 45

6.3.1　实验原理 …………………………………………………… 45

6.3.2　测量原理分析 ……………………………………………… 46

6.3.3　校正平面上不平衡量的计算 ……………………………… 46

6.4　YYQ-5型硬支承平衡机结构及工作原理 ………………………… 48

6.4.1　左右支承架 ………………………………………………… 48

6.4.2　传动系统 …………………………………………………… 50

6.4.3　电控系统 …………………………………………………… 50

6.4.4　电测系统 …………………………………………………… 51

6.5　实验前的准备 ……………………………………………………… 51

6.6　实验步骤 …………………………………………………………… 52

6.7　注意事项 …………………………………………………………… 53

6.8　预习提纲 …………………………………………………………… 53

6.9　思考题 ……………………………………………………………… 54

6.10　刚性转子动平衡实验报告 ………………………………………… 54

7　齿轮范成实验 …………………………………………………………… 56

7.1　实验目的 …………………………………………………………… 56

7.2　实验内容及要求 …………………………………………………… 56

7.3　实验原理 …………………………………………………………… 56

7.4　实验设备和工具 …………………………………………………… 57

7.5　实验步骤 …………………………………………………………… 57

7.6　思考题 ……………………………………………………………… 58

7.7　齿轮范成实验报告 ………………………………………………… 59

8　机械原理综合实验 ……………………………………………………… 61

8.1　实验目的 …………………………………………………………… 61

8.2　自动颗粒包装机的结构及功能 …………………………………… 61

8.3　自动颗粒包装机的构成 …………………………………………… 62

8.4　包装机技术参数 …………………………………………………… 63

8.5　包装机传动系统运动学分析 ……………………………………… 63

8.5.1　转速的确定 ·· 63

8.5.2　运动学分析 ·· 64

8.6　实验内容 ··· 70

8.7　实验要求 ··· 70

8.8　机械原理综合实验报告 ··· 71

第二部分　机械设计实验

9　机械设计认知实验 ··· 75

9.1　实验目的 ··· 75

9.2　各实验柜内容简介 ·· 75

9.2.1　螺纹连接与应用 ·· 75

9.2.2　键、花键、无键、销、铆、焊、胶接 ···································· 76

9.2.3　带传动 ··· 77

9.2.4　链传动 ··· 78

9.2.5　齿轮传动 ·· 78

9.2.6　蜗杆传动 ·· 79

9.2.7　滑动轴承与润滑密封 ·· 79

9.2.8　滚动轴承与装置设计 ·· 80

9.2.9　轴的分析与设计 ·· 82

9.2.10　联轴器与离合器 ··· 83

9.3　机械设计认知实验报告 ·· 84

10　螺栓组连接实验 ··· 85

10.1　实验目的 ·· 85

10.2　螺栓实验台结构及工作原理 ··· 85

10.2.1　螺栓组实验台结构与工作原理 ·· 85

10.2.2　螺栓预紧力的确定 ··· 87

10.2.3　单螺栓实验台结构及工作原理 ·· 89

10.3　实验方法及步骤 ··· 90

10.3.1　接静动态应变仪实验方法及步骤 ·· 90

10.3.2　接微机实验方法及步骤 ·· 92

10.4　思考题 ·· 101

10.5　螺栓组连接实验报告 ··· 101

11　带传动实验 ··· 103

11.1　实验目的 ·· 103

11.2　实验系统 ··· 103
11.2.1　实验系统的组成 ··· 103
11.2.2　实验机构结构特点 ·· 103
11.3　实验操作步骤 ··· 106
11.3.1　人工记录操作方法 ·· 106
11.3.2　计算机自动测量操作方法 ···································· 107
11.4　主要技术参数 ··· 109
11.5　实验注意事项 ··· 109
11.6　思考题 ··· 110
11.7　带传动实验报告 ·· 110

12　齿轮传动效率实验 ··· 112

12.1　实验目的 ··· 112
12.2　实验原理 ··· 112
12.2.1　实验系统组成 ·· 112
12.2.2　实验台结构 ·· 113
12.2.3　封闭功率流方向 ··· 114
12.2.4　效率计算 ··· 114
12.2.5　齿轮传动实验仪 ··· 115
12.3　实验操作步骤 ··· 116
12.3.1　人工记录操作方法 ·· 116
12.3.2　与计算机接口实验方法 ······································· 117
12.4　齿轮传动效率实验报告 ·· 118

13　液体动压轴承实验 ··· 120

13.1　实验目的 ··· 120
13.2　实验原理及装置 ·· 120
13.2.1　实验原理 ··· 120
13.2.2　实验装置 ··· 121
13.3　实验操作步骤 ··· 123
13.3.1　测取绘制径向油膜压力分布曲线与承载曲线图 ··········· 123
13.3.2　测量摩擦系数 f 与绘制摩擦特性曲线 ·················· 125
13.4　注意事项 ··· 126
13.5　思考题 ··· 126
13.6　液体动压轴承实验报告 ·· 127

14　轴系结构设计实验 ··· 129

14.1　概述 ··· 129

14.2　实验目的 …………………………………………………………… 129

14.3　实验设备和工具 ……………………………………………………… 129

14.4　实验内容与要求 ……………………………………………………… 129

14.5　实验步骤 ……………………………………………………………… 130

14.6　思考题 ………………………………………………………………… 132

14.7　轴系结构设计实验报告 ……………………………………………… 134

15　机械设计综合实验 ………………………………………………………… 136

15.1　实验目的 ……………………………………………………………… 136

15.2　实验内容 ……………………………………………………………… 136

15.3　实验报告要求 ………………………………………………………… 136

15.4　机械设计综合实验报告 ……………………………………………… 137

参考文献 …………………………………………………………………………… 138

第一部分

机械原理实验

1 机械原理认知实验

1.1 实 验 目 的

（1）了解机器的组成原理，加深对机器的感性认识。

（2）了解常用机构的结构、类型、特点及应用。

（3）了解机器的运动原理和分析方法，对机器由感性认识上升为理性认识。

1.2 实 验 设 备

机械原理陈列教学柜，室外观察常用机器例如挖掘机、包装机、印刷机等的机械结构。

1.3 实验柜内容简介

通过观察各种常用机构的运动，增强对机构与机器的感性认识。实验教师作简单介绍，提出问题，供学生思考；学生通过观察，对机器的组成、常用机构的结构、类型、特点有一定的了解。

1.3.1 简要介绍三种机器及各种运动副

观察实物模型和机构，使学生认识到机器是由一个机构或几个机构按照一定运动要求组合而成的，因此掌握各种机构的运动特性，有利于了解各种机器的特性。在机械原理中，运动副是以可动连接（两构件直接接触的形式）及运动特征来命名的。如高副、低副、转动副、移动副等。

（1）单缸汽油机模型。单缸汽油机能把燃气的热能通过曲柄滑块机构转换成曲柄转动机械能。为了增加输出功率和提高运转平稳性，单缸汽油机采用了四组曲柄滑块机构配合工作。由齿轮机构控制汽缸的点火时间，由凸轮机构控制进气阀和排气阀的开与关。

（2）蒸汽机模型。蒸汽机采用曲柄滑块机构将蒸汽的热能转换为曲柄转动的机械能。由连杆机构来控制进气和排气的方向，以实现曲柄的正反转。

（3）家用缝纫机。家用缝纫机采用多种机构相互配合实现缝纫动作。针的上下运动由曲柄滑块机构来实现，提线动作由圆柱凸轮机构来实现，送布运动由几组凸轮机构相互配合来实现。

上述三部机器有一个共同特点，即机器都是由几个机构按照一定的运动要求互相配合组成的。

（4）运动副。运动副是构件之间的活动联接。运动副是以其运动特征和它的外形来命名的，如球面副、螺旋副、曲面副、移动副、转动副等。

1.3.2　平面四杆机构

平面连杆机构是广泛应用的机构之一，最基本的是平面四杆机构。根据含转动副的数目，平面四杆机构分为三大类。

1.3.2.1　铰链四杆机构

铰链四杆机构的四个运动副均为转动副，它有三种运动形式。

（1）曲柄摇杆机构。以与最短杆相邻的杆作为机架，最短杆能相对机架回转360°，故为曲柄。曲柄做等速转动时，另一个连架杆做变速摆动，称为摇杆。这种四杆机构称为曲柄摇杆机构。在这种机构中，当曲柄为原动件，摇杆为从动件时，可将曲柄的连续转动，转变成摇杆的往复摆动。摇杆向右摆动慢，向左摆动快，这种现象称为"急回特性"。此种机构应用广泛，图1-1所示的雷达天线俯仰机构即为此种机构。

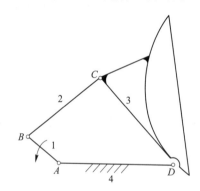

图1-1　雷达天线俯仰机构

（2）双曲柄机构。取最短杆为机架，与机架相连的两杆均为曲柄。这种机构的运动特点是当原动曲柄连续转动时，从动曲柄也能做连续转动。当一个曲柄等速转动时，另一个曲柄在右半周内转动慢，在左半周内转动快。同样具有"急回特性"现象。图1-2所示惯

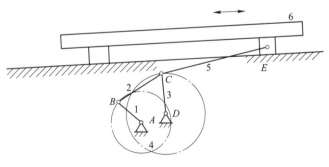

图1-2　惯性筛

性筛的四杆机构 *ABCD* 便是双曲柄机构。在此机构中当原动曲柄 *AB* 等速转动时，从动曲柄 *CD* 做变速转动，从而使筛子 6 具有较大变化的加速度，而被筛的材料颗粒则将因惯性作用而被筛分。

（3）双摇杆机构。以最短杆的相对杆作为机架，与机架相连的两杆均不能做整周回转只能来回摆动。图 1-3 所示为双摇杆机构在鹤式起重机中的应用。当摇杆 *AB* 摆动时，另一摇杆 *CD* 随之摆动，使得悬挂在 *E* 点上的重物在近似的水平直线上运动，避免重物平移时因不必要的升降而消耗能量。

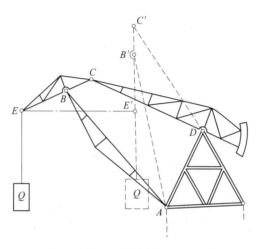

图 1-3　鹤式起重机

1.3.2.2　带有一个移动副的四杆机构

带有一个移动副的四杆机构是以一个移动副代替铰链四杆机构中的一个转动副演变得到的，简称单移动副机构。

（1）曲柄滑块机构。以最短杆相邻的杆为机架，如图 1-4（a）所示为曲柄滑块机构。曲柄滑块机构是应用最多的一种单移动副机构，可以将转动变为往复移动，或将往复移动

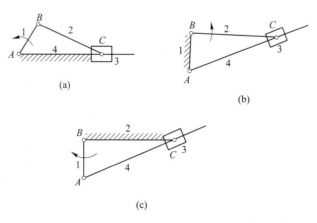

图 1-4　带有一个移动副的四杆机构

（a）曲柄滑块机构；（b）导杆机构；（c）曲柄摇块机构

变为转动。曲柄匀速转动时，滑块的速度是非匀速的。把这个机构倒置，可得到多种不同运动形式的单移动副机构。

（2）回转导杆机构。在图1-4（a）所示的曲柄滑块机构中，若改选构件 AB 为机架，则构件4将绕轴 A 转动，而构件3则将以构件4为导轨沿该构件相对移动。我们特将构件4称为导杆，而由此演化成的四杆机构称为导杆机构，如图1-4（b）所示。

在导杆机构中，如果其导杆能做整周转动，则称其为回转导杆机构。如图1-5所示为回转导杆机构在一小型刨床中的应用实例。

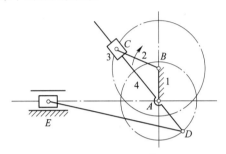

图1-5　回转导杆机构在一小型刨床中的应用

（3）摆动导杆机构。在导杆机构中，如果导杆仅能在某一角度范围内往复摆动，则称为摆动导杆机构。图1-6所示为摆动导杆机构在牛头刨床中的应用。

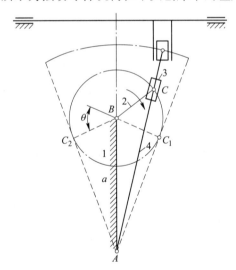

图1-6　摆动导杆机构在牛头刨床中的应用

（4）曲柄摇块机构。在图1-4（a）所示的曲柄滑块机构中，若改选构件 BC 为机架，则将演化成为曲柄摇块机构，如图1-4（c）所示。其中滑块3仅能绕点 C 摇摆。图1-7所示的自卸卡车的举升机构即为应用的又一实例。

1.3.2.3　带有两个移动副的四杆机构

带有两个移动副的四杆机构可简称双移动副机构，把它们倒置可得三种形式的四连杆机构。

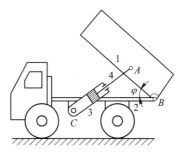

图 1-7　自卸卡车的举升机构

（1）曲柄移动导杆机构（正弦机构）。在图 1-8（a）所示的具有两个移动副的平面四杆机构中，当选择构件 2 或 4 为机架时，就是正弦机构。导杆做简谐移动，常用于仪器仪表中。

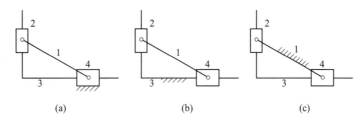

图 1-8　双移动副机构

（a）具有两个移动副的平面四杆机构；（b）双滑块机构；（c）双转块机构

（2）双滑块机构。在图 1-8（a）所示的具有两个移动副的平面四杆机构中，若改选构件 3 为机架，就演化成双滑块机构，如图 1-8（b）所示。图 1-9 所示为椭圆仪机构。在机构连杆上的一点的轨迹是一个椭圆，所以称为画椭圆机构。机构上除滑块与连杆相连的两铰链和连杆中的轨迹为圆以外，其余所有点的轨迹均为椭圆。

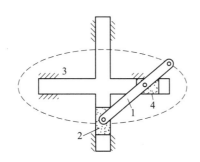

图 1-9　椭圆仪机构

（3）双转块机构（十字滑块机构）。在图 1-8（a）所示的具有两个移动副的平面四杆机构中，取构件 1 为机架，便演化成双转块机构，如图 1-8（c）所示。如以一转块为原动件做等速回转，则从动转块也做等速回转，且转向相同。当两个平行传动轴间的距离很小时，可采用这种机构。图 1-10 所示的用在两平行传动轴间距离很小时的十字沟槽联轴器为应用实例。

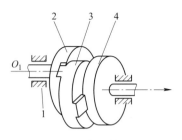

图 1-10　十字沟槽联轴器

1.3.3　平面连杆机构的应用

本柜共陈列三个机器模型，应注意看懂其工作原理和运动情况，以及机器由几个构件组成、是什么形式的运动副。

平面连杆机构的应用：第一类应用是实现给定的运动规律；第二类是实现给定的轨迹。

1.3.3.1　实现给定的运动规律

（1）飞剪。这里采用了曲柄摇杆机构。它利用连杆上一点的轨迹和摇杆上一点的轨迹相配合来完成剪切工作，使剪切区域内上下两个刀刃的运动在水平方向的分速度相等，且又等于钢板的运行速度。

（2）压包机。冲头在完成一次压包冲程后在最上端位置有一段停歇时间，以便进行上下料工作。

（3）铸造造型机翻转机构。它是一个双摇杆机构。当砂箱在震动台上造型震实后，利用机构的连杆将砂箱由下面经 180°的翻转搬运到上面位置，然后脱模，完成一次造型工艺。机构实现了两个给定位置的转换。

（4）电影摄影升降机。此处采用了平行四边形机构。工作台设在连杆上，从而保证了工作台在升降过程中始终保持水平位置。

1.3.3.2　实现给定的轨迹

港口起重机采用了一个双摇杆机构。在连杆上的某一点有一段近似直线的轨迹，起重机的吊钩就是利用这一直线轨迹使重物水平移动，避免因不必要地提升重物而做功。

1.3.4　凸轮机构

凸轮机构常用于将主动构件的连续运动转变为从动构件的往复运动。只要适当地设计凸轮廓线，便可以使从动件获得任意的运动规律。凸轮机构结构简单而紧凑，广泛地应用于各种机械、仪器和操纵控制装置。

1.3.4.1　凸轮机构的组成

（1）凸轮。凸轮有特定的廓线。

（2）从动件。从动件凸轮廓线控制着推杆按预期的运动规律做往复移动或摆动。常见的结构有尖顶、滚子、平底和曲面四种形式。

（3）锁合装置。为了使凸轮与从动件在运动过程中，始终保持接触而采用的装置。常见的有 1) 力锁合, 利用重力、弹簧力或其他外力使从动件与凸轮始终保持接触; 2) 结构锁合, 利用凸轮和从动件的高副几何形状, 使从动件与凸轮始终保持接触。

1.3.4.2 常见的平面凸轮机构

(1) 盘形凸轮机构。外形似盘形, 结构简单、设计容易、制造方便, 应用很广。

(2) 移动凸轮机构。凸轮做直线往复移动, 可把它看成转轴在无穷远处的盘形凸轮, 应用也很广。

(3) 槽形凸轮机构。从动件端部嵌在凸轮的沟槽中保证从动件的运动。其锁合方式最简单, 缺点是增大了凸轮机构的尺寸及不能采用平底从动件。

(4) 带有交叉曲线槽的槽形凸轮。凸轮旋转两周, 从动件完成一个运动循环。

(5) 等宽凸轮机构。凸轮的宽度始终等于平底从动件的宽度, 凸轮与平底始终保持接触。

(6) 等径凸轮机构。在任何位置时从动件两滚子中心的距离之和等于一个定值。

(7) 主回凸轮机构。主回凸轮机构采用两个固结在一起的盘状凸轮控制一个从动件。主凸轮控制从动件工作行程, 回凸轮控制从动件的回程。

1.3.4.3 常见的空间凸轮机构

一般根据它们的外形命名, 有球面凸轮、双曲面凸轮、圆锥体凸轮、圆柱凸轮。如球面凸轮是圆弧回转体, 它的母线是一条圆弧, 一般都采用摆动从动件, 从动件的摆动中心就是母线圆弧的中心。圆柱凸轮在设计和制造方面都比其他空间凸轮简单, 应用得最多。

空间凸轮机构的共同特点是, 凸轮和从动件的运动平面不是互相平行的, 当采用移动从动件时移动从动件沿凸轮机械母线方向运动。

1.3.5 齿轮机构

齿轮机构是一种常用的传动装置, 具有传动准确可靠、运转平稳、承载能力大、体积小、效率高等优点, 在各种设备中被广泛地采用。根据主动轮与从动轮两轴的相对位置, 将齿轮传动分为平行轴传动, 相交轴传动和交错轴传动三大类。

1.3.5.1 传递两平行轴之间运动和动力的齿轮机构

(1) 外啮合直齿圆柱齿轮机构。外啮合直齿圆柱齿轮机构是齿轮机构中最简单、最基本的一种类型。在学习上一般以它为研究重点, 从中找出齿轮传动的基本规律, 并以此为指导去研究其他类型的齿轮机构。

(2) 内啮合直齿圆柱齿轮机构。主、从动齿轮之间转向相同, 在同样传动比情况下, 所占空间位置小。

(3) 齿轮齿条机构。主要用在将转动变为直线移动或者将移动变为转动的场合。

(4) 斜齿圆柱齿轮机构。它的轮齿沿螺旋线方向排列在圆柱体上。螺旋线方向有左旋和右旋之分。斜齿圆柱齿轮的传动特点是传动平稳, 承载能力高, 噪声小。但轮齿倾斜会产生轴向力, 使轴承受到附加的轴向推力。

(5) 人字圆柱齿轮机构。可将它看成是由左右两排形状对称的斜齿轮组成。因轮齿左右两侧完全对称, 所以两个轴向力可互相抵消。人字齿轮传动常用于冶金、矿山等设备中的大功率传动。

1.3.5.2　传递两相交轴之间运动和动力的齿轮机构

锥齿轮机构的轮齿分布在一个锥体上，两轴线的夹角 θ 可任意选择，一般常采用的是 90°夹角。因轴线相交，两轴孔相对位置加工难达到高精度，而且一齿轮是悬臂安装，故锥齿轮的承载能力和工作速度都较圆柱齿轮低。

（1）直齿锥齿轮机构。制造容易，应用广泛。

（2）曲线齿锥齿轮机构。曲线齿锥齿轮机构比直齿锥齿轮传动平稳、噪声小，承载能力大，可用于高速重载的传动。

1.3.5.3　传递相错轴运动和动力的齿轮机构

（1）螺旋齿轮机构。螺旋齿轮机构由螺旋角不同的两个斜齿轮配对组成，理论上两齿面为点接触，所以轮齿易磨损、效率低。故不宜用于大功率和高速的传动。

（2）螺旋齿轮齿条机构。其特点与螺旋齿轮机构相似。

（3）蜗轮蜗杆机构。两轴的夹角为 90°。特点是传动平稳、噪声小、传动比大，一般单级传动比为 8～100，因而结构紧凑。

（4）弧面蜗轮蜗杆机构。弧面蜗杆外形是圆弧回转体，蜗轮与蜗杆的接触齿数较多。降低了齿面的接触应力，其承载能力为普通圆柱蜗轮蜗杆传动的 1.4～4 倍。弧面蜗轮蜗杆机构制造复杂，装配条件要求较高。

1.3.6　齿轮机构参数

本柜要注意观察渐开线和摆线的形成及重点了解渐开线齿轮基本参数的性质。

1.3.6.1　渐开线的形成

以一条直线沿一个圆周上做纯滚动时，直线上任一点 K 的轨迹，称为该圆的渐开线。这条直线称为发生线，该圆称为基圆。请注意观察，发生线、基圆、渐开线三者的关系，从而可得到渐开线的一些性质。

（1）渐开线的形状取决于基圆大小。

（2）发生线是渐开线上点的法线，而且切于基圆。

（3）基圆内无渐开线。

（4）发生线沿基圆滚过的长度，等于基圆上被滚过的圆弧长度。

1.3.6.2　摆线的形成

一个圆在另一个固定的圆上滚动时，滚圆上任一点的轨迹就是摆线。滚圆称发生圆，固定圆称为基圆。它们有以下几种情况。

（1）动点在滚圆的圆周上时，所得到的轨迹称为外摆线。

（2）动点在滚圆的圆周内时，所得到的轨迹称为短幅外摆线。

（3）动点在滚圆的圆周外时，所得到的轨迹称为长幅外摆线。

（4）滚圆在基圆内滚动时，圆周上一点所画的轨迹称为内摆线。

1.3.6.3　渐开线标准齿轮的基本参数

（1）齿数 z。在设计齿轮传动时，合理地选择齿数涉及的因素很多。在模数和齿形角相同的情况下，齿数的多少对齿形有很大的影响。当齿数无穷多时，渐开线齿廓变成直线，齿轮变成齿条。当齿数少时，基圆小，齿廓曲线的曲率大。齿数少轮齿根部削弱，齿根高部分的渐开线减少。

（2）模数 m。模数等于两齿间的距离即齿距 p 除以圆周率 π 的商，是决定齿轮尺寸的一个基本参数。齿数相同的齿轮，模数大，则其尺寸也大。同时也是齿轮强度计算的一个重要参数。模数已标准化。

（3）分度圆压力角 α。也称为齿形角，渐开线齿廓上各点的压力角是不同的，越接近基圆压力角越小，渐开线在基圆的压力角为零。国家标准规定标准齿廓上分度圆的压力角为 20°或 15°，常用的为 20°。

（4）齿顶高系数 ha^* 和顶隙系数 c^*。轮齿的高度在理论上受到齿顶厚度过小所限制，为此在齿高与齿厚之间建立一定的关系。齿厚是模数的函数，所以齿高也取为模数的函数。国家标准中规定有正常齿和短齿两种齿高制。这两个系数已标准化，国家标准规定标准齿轮：$ha^*=1$，$c^*=0.25$。

1.3.7　周转轮系

几对齿轮组成一个传动系统称为轮系。在轮系运转时，其中至少有一个齿轮轴线的位置并不固定，而是绕其他齿轮的固定轴线回转，则这种轮系称为周转轮系。它有两大类：差动轮系和行星轮系。

1.3.7.1　差动轮系

它有两个自由度，即 $F=2$。差动轮系可将一个运动分解为两个运动，也可将两个运动合成为一个运动。运动的合成在机械装置和自动调速装置中得到广泛应用。用差动轮系可得到加法机构，也可得到减法机构。如当需要将一个主动件的转动按所需比例分解为两个从动件的转动时，可采用差动轮系。例如，汽车后轮的差速传动装置，当汽车沿直线行驶时，左右两轮转速相等，当汽车转弯时，左轮转动慢，右轮转动快。

1.3.7.2　行星轮系

机构的自由度 $F=1$。当一轮系运转时，若一个或几个齿轮绕固定轴线回转，称为太阳轮，某一齿轮一方面绕自己的轴线自转，另一方面又随着转臂一起绕固定轴线公转，就像行星的运动一样，该齿轮称为行星轮。这种轮系称之为行星轮系。若把该轮系中的转臂固定不动，这时周转轮系就变为定轴轮系。

本柜有一全部由外啮合齿轮组成的行星轮系，这一行星轮系齿数差为 4，传动比为 10。当每一对啮合齿轮采用少齿差时，可获得很大的传动比。例如，当每对齿轮齿数相差 2 时，传动比为 2500，齿数差相差 1 时，可得到传动比为 10000。这种结构的行星轮系，每对齿轮齿数相差越小，传动比就越大，传动效率就越低。

1.3.7.3　旋轮线简介

在周转轮系中行星轮上某点的运动轨迹称为旋轮线。内啮合行星轮系中，当行星轮的半径与齿轮半径之比取不同数值时，可得到不同形状和性质的旋轮线。

1.3.7.4 三种减速器的特点简介

（1）行星减速器。它适合传递功率，结构紧凑，效率也不低，其一级传动比为 1.2～12，本柜中这个行星轮系的传动比为 7。

（2）谐波齿轮减速器。其最大的特点是有一个柔轮，柔轮是一个弹性元件，利用它的变形可实现传动。其传动比的计算与周转轮系相似。它的特点是传动比大、元件少、体积小，同时啮合的齿数多，在相同条件下比一般齿轮减速器的元件少一半，体积和重量可减30%～50%。

（3）摆线针轮行星齿轮减速器。其特点为体积小、重量轻、承载能力大、效率高、工作平稳。

1.3.8 停歇和间歇运动机构

在机械中，常需要某些构件产生周期性的运动和停歇，这种运动的机构称为停歇和间歇运动机构。

1.3.8.1 间歇运动机构

（1）棘轮机构。结构简单，制造方便，应用较广。棘轮机构常见的有齿式和摩擦式两种。

1）齿式棘轮机构。运动可靠，棘轮运动角只能进行有级调整，回程时棘爪在齿面上滑行，引起噪声和齿尖磨损。所以一般只能用于低速和传动精度要求不高的情况下。

2）摩擦式棘轮机构。棘轮运动角可进行无级调整。因摩擦传动，棘爪与轮接触过程无噪声，传动平稳，但很难避免打滑，因此运动的准确性较差，常用于超越离合器。

（2）槽轮机构。具有结构简单、制造容易、工作可靠和机械效率高等优点。但槽轮机构在工作时有冲击，随着转速的增加及槽轮数的减少而加剧，不宜用于高速场合，适用范围受到一定的限制。外啮合槽轮机构使用得最多、最广。内啮合槽轮机构常用于槽轮停歇时间短，传动较平稳，要求减少机构空间尺寸和槽轮机构主、从方向相同的场合。外、内啮合槽轮仅能传递平行轴之间的间歇运动。球面槽轮机构的槽轮为半球形，可传递相交轴之间的间歇运动。

（3）齿轮式间歇运动机构。各种不同的齿轮式间歇运动机构，都是由齿轮机构演变而成的，它的外形特点是轮齿不满布于整个圆周上。

（4）摆线针轮不完全齿轮机构。它的轮齿也不满布于整个圆周上。

不论哪种齿轮式间歇运动机构，特点都是运动时间与停歇时间之比不受机构结构的限制，工位数可任意配置。从动轮在进入啮合和脱离时有速度突变，冲击较大。一般适用于低速轻载的工作条件。

1.3.8.2 停歇运动机构

（1）具有停歇运动的曲柄连杆机构。利用连杆上某点所描绘的一段圆弧轨迹，然后将从动的另一连杆与此点相连，取其长度等于圆弧的半径，这样当每次循环到此段圆弧时从动滑块停歇。

（2）具有停歇运动的导杆机构。将导杆槽中的某一部分做成圆弧，其圆弧半径等于曲柄的长度，这样机构在左边极限位置时具有停歇特性。

1.4　实 验 要 求

（1）每个同学自选 4 个机构，绘制机构简图，并计算自由度。

（2）本次实验体会。

1.5　机械原理认知实验报告

班级＿＿＿＿＿姓名＿＿＿＿＿同组者＿＿＿＿＿日期＿＿＿＿＿成绩＿＿＿＿

一、实验目的

二、实验方法

三、实验结果

1. 机构名称：	2. 机构名称：
绘制机构简图：	绘制机构简图：
计算自由度： $F = 3n - 2P_L - P_H$ = =	计算自由度： $F = 3n - 2P_L - P_H$ = =

3. 机构名称：	4. 机构名称：
绘制机构简图：	绘制机构简图：
计算自由度： $F = 3n - 2P_L - P_H$ 　　$=$ 　　$=$	计算自由度： $F = 3n - 2P_L - P_H$ 　　$=$ 　　$=$

四、心得体会

2 机构简图测绘与分析实验

2.1 实验目的

（1）观察并了解各种机构的基本类型。

（2）观察并了解各种机构的结构及其特点。

（3）对运动副、零件、构件及机构等概念建立实感。

（4）熟悉并运用各种运动副、构件及机构的代表符号，培养依照机械实物绘制机构运动简图的技能。

（5）熟悉机构自由度的计算方法。

2.2 实验设备和工具

（1）若干个机构模型。

（2）自备三角尺、圆规、铅笔、橡皮和草稿纸等。

2.3 实验原理

机构的运动简图是工程上常用的一种图形，是用符号和线条来清晰、简明地表达出机构的运动情况，使人看了对机器的动作一目了然。在机器中，尽管各种机构的外形和功用各不相同，但只要是同种机构，其运动简图都是相同的。

机构的运动仅与机构所具有的构件数目和所组成构件的运动副的数目、类型、相对位置有关。因此在绘制机构运动简图时，可以不考虑构件的复杂外形和运动副的具体构造，而用简单的线条和规定的符号（见表 2-1）来代表构件和运动副，并按一定的比例尺寸表示各运动副的相对位置，画出能准确表达机构运动特性的机构运动简图。

2.4 实验方法和步骤

（1）分析机构的运动情况，判别运动副的性质。通过观察和分析机构的运动情况和实际组成，先搞清楚机构的原动部分和执行部分，使其缓慢运动，然后循着运动传递的路线，找出组成机构的构件，弄清各构件之间组成的运动副类型、数目及各运动副的相对位置。

（2）恰当地选择投影面。选择时应以能简单、清楚地把机构的运动情况表示清楚为原则。一般选机构中多数构件的运动平面为投影面，必要时也可以就机械的不同部分选择两个或多个投影面，然后展开到同一平面上。

（3）选择适当的比例尺。根据机构的运动尺寸，选择适当的比例尺 μ_l，使图面匀称，先确定出各运动副的位置（如转动副的中心位置、移动副的导路方位及高副接触点的位置等），并画上相应的运动副符号；然后用简单的线条和规定的符号画出机构运动简图；最后要标出构件号数、运动副的代号字母以及原动件的转向箭头。

$$\mu_l = \frac{l_{AB}}{AB} \tag{2-1}$$

式中，l_{AB} 为实际长度，m；AB 为图上长度，mm。

（4）计算机构自由度并判断该机构是否具有确定运动。在计算机构自由度时要正确分析该机构中有几个活动构件、有几个低副和几个高副。并在图上指出机构中存在的局部自由度、虚约束及复合铰链，在排除了局部自由度和虚约束之后，再利用公式计算机构的自由度，检查计算的自由度数是否与原动件数目相等，以判断该机构是否具有确定运动。

例如，$\mu_l = 0.002\text{m/mm}$，意思为：图纸上的 1mm 代表实际 0.002m 或 2mm。

2.5 举 例

（1）如图 2-1 所示，观察该机构，找到原动件为偏心轮 2，偏心轮起着曲柄的作用，连杆 3 及转块 4 为从动件，偏心轮 2 相对机架 1 绕 O 点回转，并通过转动副连接带动连杆 3 运动，连杆 3 既有往复移动又有相对转动，转块 4 相对机架做往复转动。通过分析可知该机构共有 3 个活动构件和 4 个低副（3 个转动副、1 个移动副）。

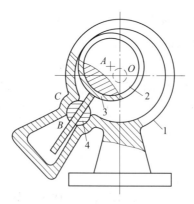

图 2-1　回转偏心泵
1—机架；2—偏心轮；3—连杆；4—转块

（2）根据该机构的运动情况，可选择其运动平面（垂直于偏心轮轴线的平面）作为投影面。

（3）根据机构的运动尺寸，按照比例尺确定各运动副之间的相对位置；然后用简单的线条和规定的简图符号绘制出机构运动简图，如图 2-2 所示。

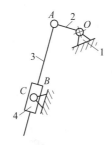

图 2-2　回转偏心泵机构简图

（4）从机构运动简图可知：活动构件数 $n=3$，低副数 $P_L=4$，高副数 $P_H=0$，故机构自由度 $F=3n-2P_L-P_H=3\times3-2\times4-0=1$，而该机构只有一个原动件，与机构的自由度数相同，所以该机构具有确定的运动。

2.6　思　考　题

（1）你认识了哪些基本机构？

（2）机构有确定运动的条件是什么？

（3）怎样选择机构的运动平面？

2.7　常用运动副和构件的表示法

表 2-1 所示为常用运动副和构件的表示法（选自 GB 4460—84）。

表 2-1　常用运动副和构件的表示法

		两运动构件所形成的运动副	两构件之一为机架时所形成的运动副
低 副	转动副		
	移动副		

续表 2-1

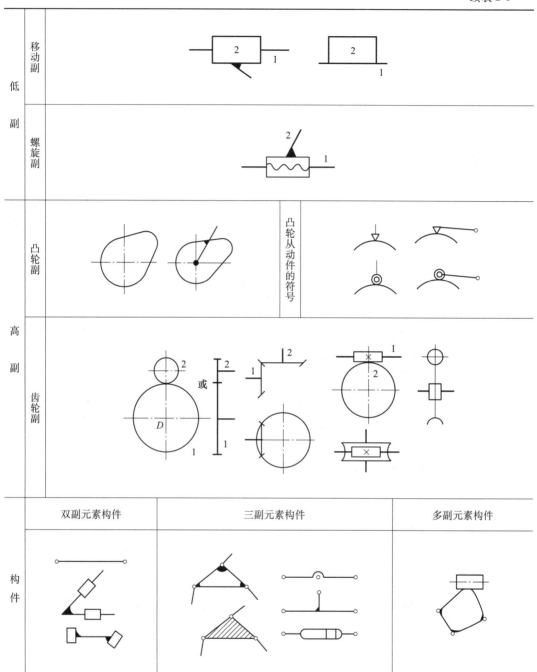

低副	移动副		
	螺旋副		
高副	凸轮副		凸轮从动件的符号
	齿轮副		

构件	双副元素构件	三副元素构件	多副元素构件

视频教学

2.8 机构简图测绘与分析实验报告

班级_____ 姓名_____ 同组者_____ 日期_____ 成绩_____

一、实验目的

二、实验步骤

三、实验结果

1. 机构名称：	2. 机构名称：
比例尺：$\mu_1 =$	比例尺：$\mu_1 =$
绘制机构运动简图：	绘制机构运动简图：
计算自由度： $F = 3n - 2P_L - P_H$ $=$ $=$	计算自由度： $F = 3n - 2P_L - P_H$ $=$ $=$
机构运动是否确定 理由：	机构运动是否确定 理由：

3. 机构名称：	4. 机构名称：
比例尺：$\mu_1 =$	比例尺：$\mu_1 =$
绘制机构运动简图：	绘制机构运动简图：
计算自由度： $F = 3n - 2P_L - P_H$ $=$ $=$	计算自由度： $F = 3n - 2P_L - P_H$ $=$ $=$
机构运动是否确定 理由：	机构运动是否确定 理由：

四、回答思考题

（1）你认识了哪些基本机构？

（2）机构有确定运动的条件是什么？

（3）怎样选择机构的运动平面？

五、心得体会

3　凸轮机构运动参数实验

3.1　实　验　目　的

（1）了解圆柱凸轮机构运动参数的特点。
（2）掌握机构运动参数测试的原理和计算机辅助测试方法。
（3）了解位移、速度、加速度的测试方法。

3.2　实　验　原　理

3.2.1　实验装置

如图 3-1 所示为多种凸轮机构运动参数实验台外观，图 3-2 所示为多种凸轮机构运动参数实验装置示意图。

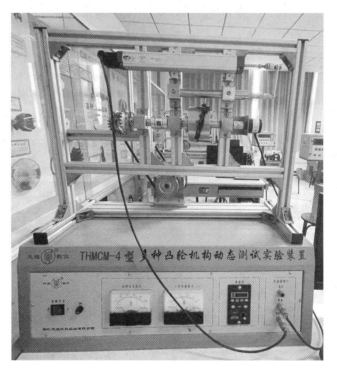

图 3-1　多种凸轮机构运动参数实验台外观

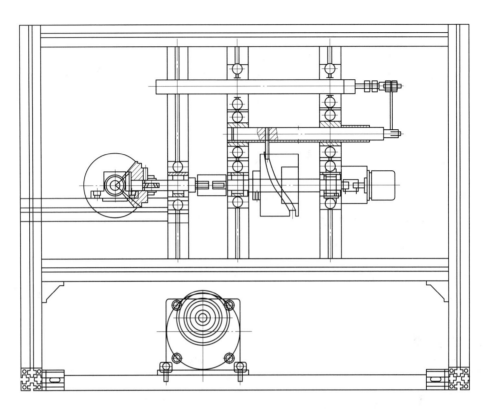

图 3-2　多种凸轮机构运动参数实验装置示意图

3.2.2　实验原理

利用计算机对平面机构动态参数进行采集、处理,作出实测的动态参数曲线;并通过计算机对该平面机构的运动进行数模仿真,作出相应的动态参数曲线;通过比较理论运动线图与实测运动线图的差异,并分析其原因,增加对速度量衡,特别是加速度的感性认识,从而实现理论与实际的紧密结合。

3.2.3　原始数据

实验装置原始数据如表 3-1 所示。

表 3-1　原始数据

圆柱凸轮参数	推杆参数	动力参数
凸轮半径 $r_0 = 47$mm 从动件滚子半径 $r_T = 4$mm 推杆伸程 $h = 36$mm 偏心距 $e = 70$mm	弹簧刚度 $k = 0.17$N/mm	电动机转速可调:$0 \sim 280$r/min 额定转矩:3.0N·m

续表 3-1

斜截面圆柱凸轮参数	推杆参数	动力参数
凸轮半径 $r_0 = 52.78$mm 从动件滚子半径 $r_T = 2.5$mm 推杆伸程 $h = 27.1$mm 偏心距 $e = 45$mm	弹簧刚度 $k = 0.17$N/mm	电动机转速可调：$0 \sim 280$r/min 额定转矩：3.0N·m

3.2.4　测试系统

实验系统中用位移传感器来检测凸轮从动件的位移，通过 A/D 转换器把信号转化为单片机能识别的数字信号，编码盘与凸轮同轴，每转过一格（2°）使得光电传感器形成一个脉冲信号输入单片机，每一个脉冲单片机采集一次位移值，并且在 LCD 上显示当前位移值。同时也根据脉冲的时间间隔来计算速度，且在液晶屏上显示。同时单片机通过 RS-232 接口把这些信息同步传送给 PC 机。在 PC 机上通过相配套的软件可以记录，显示并保存凸轮转动一周的 180 个位移数据，并且显示位移，角速度、角加速度曲线，根据给定的基圆直径和偏距值绘制凸轮轮廓，从而可以检测实际加工后的凸轮是否与设计要求符合。最后可通过与 PC 机相连的打印机打印检测结果，方便学生完成实验指导书。

3.3　实验步骤

3.3.1　实验准备

（1）认真阅读实验指导书。

（2）确定实验内容。

（3）检查实验装置。

1）用抹布将实验台特别是机构各运动构件清理干净，加少量 N68～48 机油至各运动构件滑动轴承处。

2）将面板上调速旋钮逆时针旋到底（转速最低），大黑开关打在关的位置。

（4）注意的事项：如因需要调整实验机构杆长的位置时，请特别注意，当各项调整工作完成后一定要用扳手将该拧紧的螺母全部检查一遍，用手转动曲柄盘检查机构运转情况，方可进行下一步操作。

（5）配套工具：内六角扳手 1 套，橡皮锤 1 把。

3.3.2　实验方法

（1）根据 3.3.1 节步骤完成对相关元件的检测，并做好润滑工作。

（2）按照实验装配图安装好螺旋槽圆柱凸轮，装配完成后，转动凸轮 1～2 周，检查各运动构件的运行状况，各螺母紧固件应无松动，各运动构件无卡死现象。一切正常后，方可进行下一步骤。(此时安装状态为皮带还未装)根据3.3.1节步骤完成对电器部分的调试,电机转速应该从低速到高速调节,禁止一次将转速调整到最高。

(3)安装皮带,并将皮带张紧,打开软件,开始实验,并记录实验数据。

3.3.3 软件操作方法

3.3.3.1 串口调试助手的使用

通信前,首先要通过串口调试助手检测通信是否良好,其步骤如下。

(1)将通信线两端分别插到电脑和电源控制箱的串口上。

(2)打开串口调试助手 V2.2,串口默认为 COM1,波特率 9600,校验位 NONE,数据位 8,停止位 1。勾选"十六进制显示"和"十六进制发送",并点"清空重填"。串口调试助手 V2.2 如图 3-3 所示。

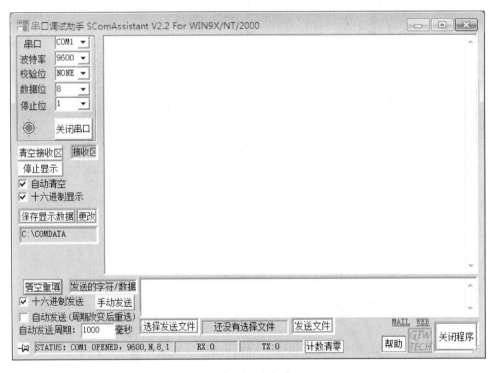

图 3-3 串口调试助手 V2.2

(3)通信检测。

1)光电编码器(角度)的测试。在发送区输入 11,看接收区有无数据,如果有则通信良好。

2)光电编码器(转速)的测试。在发送区输入 22,看接收区有无数据,如果有则通信良好。

3)直线位移传感器(直线位移)的测试。在发送区输入 33,看接收区有无数据,如果有则通信良好。

3.3.3.2　软件的使用

本实训装置中，有曲柄摇杆机构和曲柄滑块机构可以通过该软件采集实验数据。

（1）打开软件登录界面，输入登录号和密码（登录号和密码默认为1，见图3-4），进入系统主界面，如图3-5所示。同学们可以用自己的学号和姓名来注册新用户，以方便实验记录。

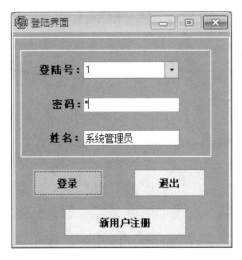

图 3-4　登录界面

图 3-5　主界面

1）通信设置：打开串口设置界面，设置串口通信各项参数（一般不用设置）。

2）用户维护：修改用户密码界面。

3）用户添加：添加用户界面。

4）计算器：调用计算器工具。

5）绘图工具：调用绘图工具。

6）记事本：调用记事本工具。

7）公司网站：打开天煌主页。

8）数据备份：备份数据库。

9）帮助：打开帮助文档。

10）关于：关于本软件。

11）退出：退出系统。

（2）单击"曲柄滑块机构"，在弹出的对话框中选"是"，进入曲柄滑块机构测试系统界面，如图 3-6 所示。

图 3-6　曲柄滑块机构测试主界面

1）动画模拟：曲柄滑块机构的动画模拟，如图 3-7 所示。

2）机构设计：打开机构设计界面，如图 3-8 所示。

3）曲线仿真：打开曲柄滑块机构曲线仿真界面，如图 3-9 所示。

4）机构测试：打开曲柄滑块机构测试界面，如图 3-10 和图 3-11 所示。

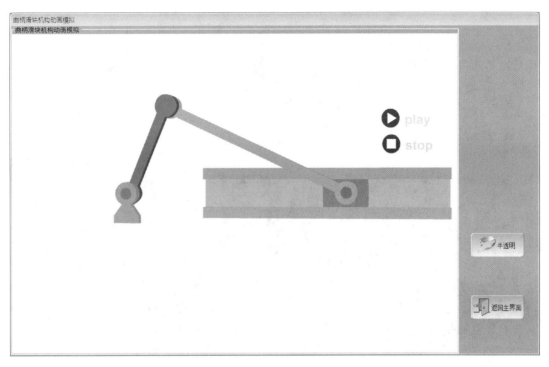

图 3-7 动画模拟界面

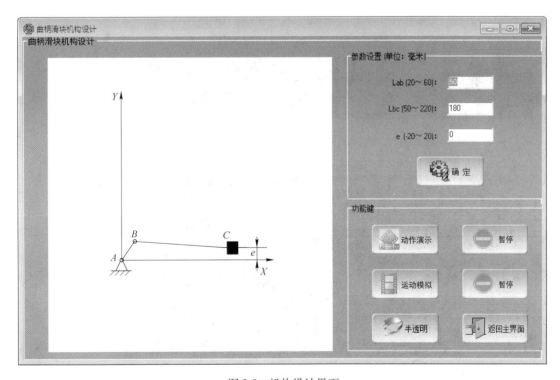

图 3-8 机构设计界面

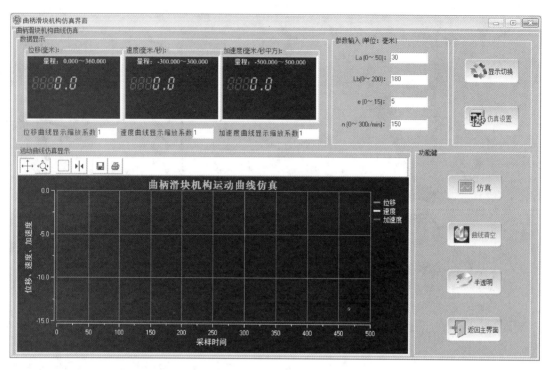

图 3-9　曲线仿真界面

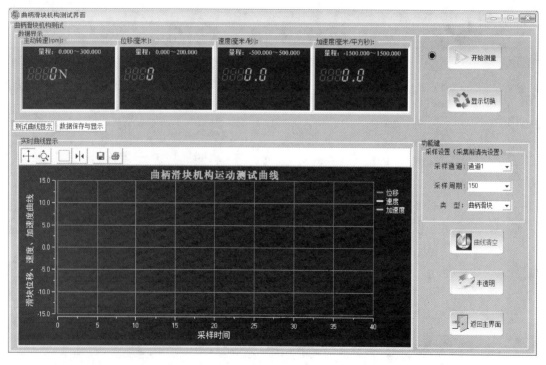

图 3-10　机构测试界面

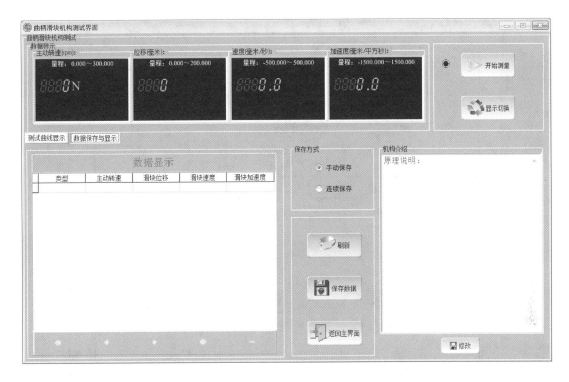

图 3-11　机构测试界面

5）打印数据：打印曲柄滑块机构已保存的数据。单击打印会出现预览界面，再单击打印即可用"Tag 图像文件格式（*.tif；*.tiff）"保存实验数据，如图 3-12 和图 3-13 所示。

6）退出系统：退出此界面，返回上一界面。

机构设计界面各按钮含义如下。

（1）确定：设置机构的参数，并调节机构的长度。

（2）动作演示：演示机构的运动过程。

（3）运动模拟：模拟机构的运动过程。

（4）暂停：停止演示。

（5）半透明：使界面变为半透明状态，"半透明"变为"还原"，再点击则恢复原状。

（6）返回主界面：关闭此界面，返回上一界面。

曲线仿真界面各按钮含义如下。

（1）显示切换：使虚拟仪表在指针显示和数码显示之间切换。

（2）仿真设置：输入机构的各项参数值，点击此键设置机构的各项参数。

（3）仿真：机构的运动曲线开始仿真（只有先点击"仿真设置"后，此键才变得可用）。

（4）曲线清空：清空所绘制曲线。

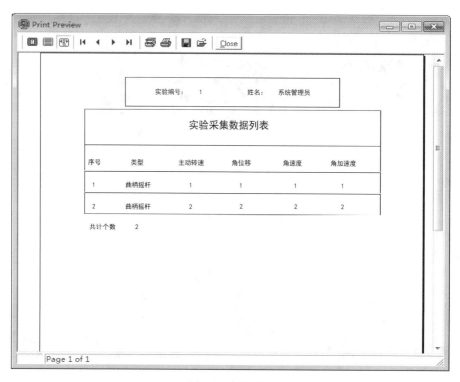

图 3-12　预览界面

图 3-13　保存实验数据

（5）半透明：使界面变为半透明状态，"半透明"变为"还原"，再点击则恢复原状。

（6）返回主界面：关闭此界面，返回上一界面。

机构测试界面中各按钮或模块含义如下。

（1）开始测量：刚开始此键为不可使用键，需要先把图3-9中"采样设置"框中的三个选项设置完成后，此键才可用，点击"开始测量"则开始与传感器交换数据并显示出来，"开始测量"变为"停止测量"。

（2）停止测量：停止与传感器的数据交换。

（3）采样设置（注意：采集前设置）：采集通道分为，通道1（滑块位移、速度、加速度的测量），通道2（转速的测量），通道1-2（两个通道同时测量），采样周期代表采样速度的快慢。可以通过选择来设置，类型代表机构的类型选择。

（4）数据保存与显示：保存方式的选择和所保存数据的显示。如果选择"手动保存"，当点击"保存数据"时，点击一次保存一组数据。如果选择"连续保存"，当点击"保存数据"时，"保存数据"变为"停止保存"并开始连续保存测试数据，直到点击"停止保存"才停止保存测试数据（注意：慎用"连续保存"）。

（5）刷新：对保存数据的刷新，并把保存的数据显示出来。

（6）修改：在"机构介绍"里输入或修改文字，点击"修改"则保存所输入或修改的文字。

（7）返回主界面：关闭此窗口，返回上一窗口。

3.3.4 注意事项

（1）实验开始后，学生不可太靠近实验台，女生最好佩戴安全帽，以免发生意外，实验过程中更不允许用手触摸转动的部件。如需操作，须等电机停转后操作。

（2）软件测试过程中，需等待电机转速稳定后方可进行。测试过程中不允许再调整电机转速，否则测试曲线出现混乱，则不能真实地反应实验曲线。

（3）软件测试过程中，转速应选择合适，太慢或太快都不利于实验。

3.3.5 结束实验

结束实验后，把速度调节旋钮调节到关闭状态，按顺序关闭实验台所有电源，整理好实验器材。

（1）将实验台整理放好，并将相关元件放好，方便下一组学生实验；

（2）根据教师要求，完成实验报告。

实验报告的内容主要包括实验原理、实验内容，测试数据表，参数曲线，对实验结果的分析，以及对实验中的新发现，新设想和新的建议。

3.4 思 考 题

理论计算的位移曲线与实际测得的位移曲线是否一致，为什么？

视频教学

3.5 凸轮机构运动参数实验报告

班级_____姓名_____同组者_____日期_____成绩_____

一、实验目的

二、实验原理

三、实验步骤

四、实验数据

    1. 测试数据。

    2. 参数曲线。

五、实验结果

六、回答思考题。

　　理论计算的位移曲线与实际测得的位移曲线是否一致，为什么？

七、心得体会

4 机构运动参数测定和分析实验

4.1 实 验 目 的

（1）初步了解用电测法测量机构运动参数的基本原理和方法。

（2）初步了解"QTD-Ⅲ型组合机构实验台"及光电脉冲编码器、同步脉冲发生器（或称角度传感器）的基本原理，并掌握它们的使用方法。

（3）测量曲柄滑块机构中的位移、速度、加速度，测量曲柄摇杆机构中的摇杆的角位移、角速度、角加速度；比较理论运动线图与实测运动线图的差异，并分析其原因。

（4）了解微型计算机进行数据采集的基本原理和方法。

4.2 实 验 内 容

（1）曲柄滑块机构、曲柄导杆机构滑块的运动仿真和实测。

（2）曲柄的转速及回转不匀率的测试。

（3）盘形凸轮运动仿真和实测。

（4）推杆运动仿真和实测。

（5）改变参数对机构运动特性的影响。

4.3 实验设备及工具

4.3.1 实验系统组成

（1）实验机构（曲柄滑块机构、曲柄导杆机构及凸轮机构）；

（2）QTD-Ⅲ型组合机构实验仪（单片机控制系统）；

（3）打印机；

（4）个人电脑一台；

（5）光电脉冲编码器；

（6）同步脉冲发生器（或称角度传感器）。

4.3.2 实验机构主要技术参数

实验机构主要技术参数如下。

（1）直流电机额定功率：100W；

（2）电机调速范围：0~2000r/min；

（3）蜗轮减速箱速比：1/20；

（4）实验台尺寸：长×宽×高＝500mm×380mm×230mm；

（5）电源：220V/50Hz。

4.3.3　实验机构结构特点

本实验机构配套有曲柄滑块机构及曲柄导杆机构，凸轮机构原动力采用直流调速电机，电机转速可在0~3000r/min做无级调速，经蜗杆蜗轮减速器减速，机构的曲柄转速为0~100r/min。

该组合实验装置，只需拆装少量零部件，即可分别构成四种典型的传动机构，他们分别是曲柄滑块机构、曲柄导杆机构、平底直动从动凸轮机构和滚子直动从动凸轮机构。而每一种机构的某些参数，如曲柄长度、连杆长度、滚子偏心等都可在一定范围内做一些调整，通过拆装及调整可加深实验者对机械机构本身特点的了解，对某些参数改动对整个运动状态的影响也会有更好的认识。

实验利用往复运动的滑块推动光电脉冲编码器，输出与滑块位移相当的脉冲信号，经测试仪处理后将可得到滑块的位移、速度及加速度。如图4-1所示为组合机构简图，

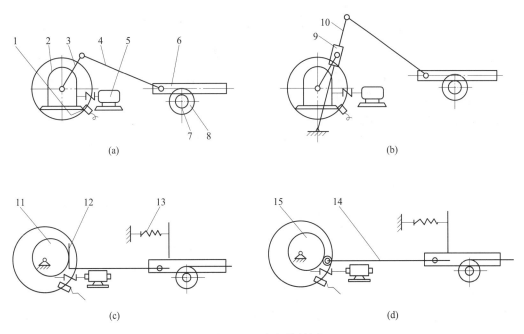

图 4-1　组合机构简图

1—同步脉冲发生器；2—蜗轮减速器；3—曲柄；4—连杆；5—电机；6—滑块；

7—齿轮；8—光电脉冲编码器；9—滑块；10—导杆；11—凸轮；

12—平底直动从动件；13—回复弹簧；14—滚子直动从动件；15—光栅盘

（a）曲柄滑块机构简图；（b）曲柄导杆机构简图；

（c）平底直动从动凸轮机构简图；（d）滚子直动从动凸轮机构简图

图 4-1（a）为曲柄滑块机构简图，图 4-1（b）为曲柄导杆机构简图，图 4-1（c）为平底直动从动凸轮机构简图，图 4-1（d）为滚子直动从动凸轮机构简图，经过简便的改装可以在四种机构中进行转换，在本实验机构中已配有改装所必备的零件。

4.3.4 组合机构实验仪系统原理

以 QTD-Ⅲ型组合机构实验仪为主体的整个测试系统的原理框图如图 4-2 所示。

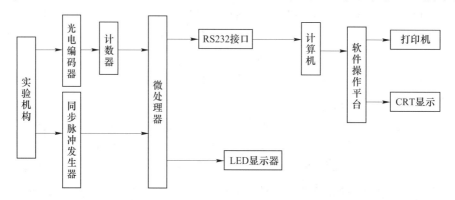

图 4-2 测试系统的原理框图

本组合机构实验仪由单片机最小系统组成。外扩 16 位计数器，接有 3 位 LED 数码显示器可实时显示机构运动时曲柄轴的转速，同时可与计算机进行异步串行通讯。在实验机械动态运动过程中，滑块的往复移动通过光电脉冲编码器转换输出两路脉冲信号，接入微处理器外扩的计数器计数，通过微处理器进行初步处理运算后送入计算机进行处理，计算机通过软件系统在 CRT 上可显示出相应的数据和运动曲线图。

机构中还有两路信号送入单片机最小系统，那就是角度传感器送出的两路脉冲信号。其中一路是码盘角度脉冲，用于定角度采样，获取机构运动曲线；另一路是零位脉冲，用于标定采样数据时的零点位置。

机构的速度、加速度数值由位移经数值微分和数字滤波得到。与传统的 R-C 电路测量法或分别采用位移、速度、加速度测量仪器的系统相比，具有测试系统简单、性能稳定可靠、附加相位差小、动态响应好等优点。

采用微处理器和相应的外围设备，数据处理灵活，结果显示、记录和打印得便利、清晰、直观，测试结果可以以曲线形式输出，也可以直接打印出各点数值。

4.4 实验操作步骤

4.4.1 曲柄滑块运动机构实验

将机构组装为曲柄滑块机构。

4.4.1.1 滑块位移、速度、加速度测量

（1）将光电脉冲编码器输出的 5 芯插头及同步脉冲发生器输出的 5 芯插头分别插入

测试仪上相对应接口上。

（2）把串行传输线一头插在计算机任一串口上，另一头插在实验仪的串口上。

（3）打开 QTD-Ⅲ组合机构实验仪上的电源，此时带有 LED 数码管显示的面板上将显示"0"。

（4）打开个人计算机，并保证已联入了打印机。

（5）起动机构，在机构电源接通前应将电机调速电位器逆时针旋转至最低速位置，然后接通电源，并顺时针转动调速电位器，使转速逐渐加至所需的值（否则易烧断保险丝，甚至损坏调速器），显示面板上实时显示曲柄轴的转速。

（6）机构运转正常后，就可在计算机上进行操作了，请启动系统软件。

（7）请先熟悉系统软件的界面及各项操作的功能。

（8）选择好串口，并在弹出的采样参数设置区内选择相应的采样方式和采样常数。你可以选择是定时采样方式，采样的时间常数有 10 个选择挡（分别是：2ms、5ms、10ms、15ms、20ms、25ms、30ms、35ms、40ms、50ms），比如选 25ms；你也可以选择定角采样方式，采样的角度常数有 5 个选择挡（分别是：2°、4°、6°、8°、10°），比如选择 4°。

（9）在"标定值输入框"中输入标定值 0.05。

（10）按下"采样"按键，开始采样。（请等若干时间，此时测试仪就在接收到 PC 机的指令进行对机构运动的采样，并回送采集的数据给 PC 机，PC 机对收到的数据进行一定的处理，得到运动的位移值）。

（11）当采样完成，在界面将出现"运动曲线绘制区"，绘制当前的位移曲线，且在左边的"数据显示区"内显示采样的数据。

（12）按下"数据分析"键，则"运动曲线绘制区"将在位移曲线上再逐渐绘出相应的速度和加速度曲线，同时在左边的"数据显示区"内也将增加各采样点的速度和加速度值。

（13）打开打印窗口，可以打印数据和运动曲线了。

4.4.1.2 转速及回转不匀率的测试

（1）同 4.4.1.1 节的（1）~（7）步。

（2）选择好串口，在弹出的采样参数设计区内，你应该选择最右边的一栏，角度常数选择有 5 挡（2°、4°、6°、8°、10°），选择你想要的一挡，比如选择 6°。

（3）同 4.4.1.1 节的（9）~（11）步，不同的是"数据显示区"不显示相应的数据。

（4）打印。

4.4.2 曲柄导杆滑块运动机构实验

机构组装为曲柄导杆滑块运动实验机构，按 4.4.1 节的步骤操作，比较曲柄滑块机构与曲柄导杆滑块机构运动参数的差异。

4.4.3 平底直动从动杆凸轮机构实验

将机构组装为平底直动从动杆凸轮机构实验机构，按 4.4.1 节的操作步骤，检测其从动杆的运动规律。

注：曲柄转速应控制在 40r/min 以下。

4.4.4 滚子直动从动杆凸轮机构实验

将机构组装为滚子直动从动杆凸轮机构实验机构，按 4.4.1 节的操作步骤，检测其从动杆的运动规律，比较平底接触与滚子接触运动特性的差异。

调节滚子的偏心量，分析偏心位移变化对从动杆运动的影响。

注：曲柄转速应控制在 40r/min 以下。

4.5   注 意 事 项

实验前要求预习实验指导书，掌握实验原理，初步了解操作步骤。

4.6   思 考 题

（1）分析机构参数变化（如改变曲柄导杆机构机架长度及滑块偏置尺寸等）对运动参数的影响。

（2）测绘机构简图，并将尺寸标注，利用计算机求出滑块的运动参数，绘出运动图线，与实测曲线进行对比。

（3）分析曲柄滑块机构及曲柄导杆机构的滑块运动图线的异同点。

（4）实测曲线与理论曲线的比较。

（5）分析平底从动件与滚子从动杆运动规律的差异。

4.7   机构运动参数测定和分析实验报告

班级_____姓名_____同组者_____日期_____成绩_____

一、实验目的

二、实验原理

三、实验步骤

四、实验数据
　　1. 测试数据。

　　2. 参数曲线。

五、实验结果

六、回答思考题
　　1. 分析机构参数变化（如改变曲柄导杆机构机架长度及滑块偏置尺寸等）对运动参数的影响。

　　2. 测绘机构简图，并将尺寸标注，利用计算机求出滑块的运动参数，绘出运动图线，与实测曲线进行对比。

　　3. 分析曲柄滑块机构及曲柄导杆机构的滑块运动图线的异同点。

　　4. 实测曲线与理论曲线的比较。

　　5. 分析平底从动件与滚子从动杆运动规律的差异。

七、心得体会

5 机构创新设计实验

5.1 实 验 目 的

使机械设计制造及其自动化专业类学生通过机构创新设计实验，对机电一体化产品形成整体概念，掌握有关机电一体化技术的基本理论知识和设计方法，经历从设计到完成机电一体化系统装置的整个过程，提高学生综合运用各门知识、解决实际问题的能力，并在实验中培养创新能力、想象力和科学技能。

5.2 实验装置及主体功能

慧鱼（fischer）组合模型包，其中又可分为以下三种类型的模型包：实验机器人（experimental robot）、传感器技术（profi sensoric）和气动机器人（pneumatic robot）。慧鱼组合模型包的组成可分为四大类：机械零件、气动零件、电气构件和软件。模型包的这些零件基本涵盖了机电一体化系统应包含的要素，如机械本体、动力与驱动部分、执行机构、传感器测试部分、控制及信息处理部分。用这些零件可以拼装成一个工程技术模型，模型控制方式是通过智能接口板实现微机控制。

（1）机械零件包括：齿轮、齿条、连杆、链条、履带、蜗轮、蜗杆、曲轴、齿轮箱及构筑零件等。

（2）气动零件包括：储气罐、压缩气缸、气管、气管连接头、弹簧等。

（3）电气构件包括：智能接口板、马达、9V 直流电源、传感器（光敏、热敏、磁敏、电位器、接触开关）、单向阀、电磁铁、发光管。

（4）软件及资料包括：Llwin2.1 编程软件；《机器人技术软件手册》，*Experimental Robot*，*Profi Sensoric*，*Pneumatic Robot* 范例拼装图册。

每一种慧鱼（fischer）模型包拥有的零件类型及相应数量详见：*Experimental Robot* 图册中的 62~65 页、*Profi Sensoric* 图册中的 2~4 页、*Pneumatic Robot* 图册中的 2~4 页。

5.3 实 验 内 容

机构创新实验的主题为"幸福生活 ——今天和明天"；内容为"休闲娱乐机械和家庭用机械的设计和制作"。

实验内容的核心是"机电一体化"和"创意"两个方面，围绕这个核心，实验内容分为两个阶段。

（1）初始阶段。实验者尽快熟悉模型组装方式，对机电一体化产品形成概念，利用 *Experimental Robot*，*Profi Sensoric*，*Pneumatic Robot* 图册中提供的模型组装方案，逐步完成模型的搭建。实验者经历上述过程后，了解各部分功能模块的作用及原理，掌握机电一体化系统设计、制作的基本知识和方法。在此基础上，对现有方案进行讨论和改进，以进一步加强对所做模型的理解。

（2）创意设计阶段。实验者根据要求或自由拟定设计项目，利用模型包中的零件可以随意装拆、互换性好的特点，进行模型的总体设计、构件运动及结构设计、控制系统设计和程序设计，并自行搭建模型、调试和运行。

5.4　慧鱼（fischer）模型包主要组件的功能及使用

构筑零件用于组成结构件，其大部分零件材料采用优质尼龙塑胶，辅料采用铝合金、不锈钢芯。构筑零件的连接方式是燕尾槽插接，可实现六面拼装，多次拆装。构筑零件的搭建方式可分为以下十种。

（1）块与块的连接。把榫头滑入槽中就 T 型连接器可以，图 5-1 所示为组件间的连接。将块与块连接起来，把槽变成榫头连接条，使块与块、用垫片和弹面与面连接承性圈固定轴。

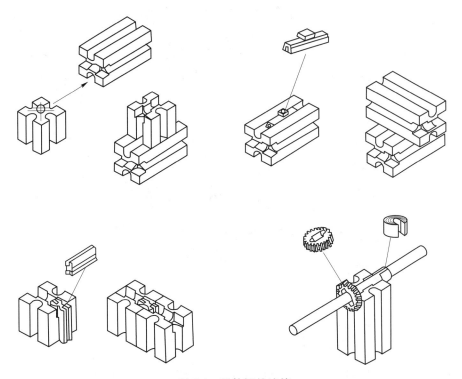

图 5-1　组件间的连接

（2）轴与轴的相连。这个组件使两个轴相连。

（3）结构物件的连接。插入旋转钉来连接条状结构件。

（4）轮子的构筑。大部分的轮子是由螺母和抓套固定在轴上的。螺母抓套即：1）把抓套装在轴上；2）把轮子放在抓紧套上；3）旋紧螺母。

（5）紧固单元。

（6）链条。链条的长度可以自由选择，只要把组成链条的小部件卡上就行，扭动链条部件即可拆卸。

（7）块与齿条的连接。

（8）蜗轮和蜗杆。

（9）带有蜗轮和蜗杆的齿轮箱。

（10）模型拼装范例：马达驱动的转台。如图 5-2 所示为拼装马达驱动的转台所需取用的构筑零件及拼接范例，拼接步骤如图所示。

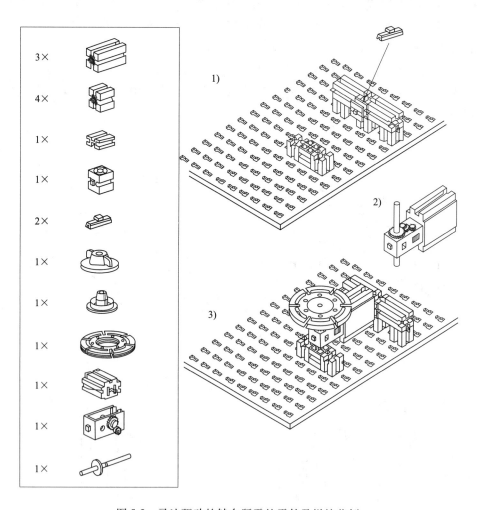

图 5-2　马达驱动的转台所需的零件及拼接范例

5.5　熟悉 fischer 模型包的步骤

在实现你的创意之前，有必要学会熟练使用 fischer 模型包的各种零件。推荐采用 *Experimental Robot* 中的一个范例作为拼装熟悉练习。

（1）针对所选用的模型包类型，根据实验室提供的模型范例拼装图册检查所用模型包内零件的完整性，同时掌握智能接口板的使用方法、传感器的工作原理。

（2）根据 *Experimental Robot*，*Profi Sensoric* 或 *Pneumatic Robot* 图册中所提供的范例，选定一个模型作为拼装练习。在拼装练习前，看一下该模型的最后完成图，以便对模型有总体概念。

（3）在进行模型的每一步搭建之前，找出该步骤所需的零件，然后按照拼装图把这些零件一步一步搭建上去。在每一步的搭建基础上，新增加的搭建部件将用彩色显示出来，已完成的搭建部分标上白色。

（4）按拼装顺序一步一步做。注意需要拧紧的地方（比如说轮心与轴）都要拧紧，否则模型就无法正常运行。

（5）模型完成后，检查所有部件是否正确连接，使模型动作无误。将执行构件或原动件调整在预定的起始位置。

（6）做完上述几步后，你就可以熟练利用 fischer 模型进行创意设计了。

5.6　实验报告内容

（1）简要说明所拼装模型的功能及工作原理，并用机构运动简图表示模型的运动。

（2）针对现有模型的结构及相应的运动控制方案，提出可行性修改意见并在实验中加以实现。

5.7　思　考　题

（1）简要说明设计思路。

（2）试述本设计的创意性和实用性。

注：实验完毕后要求实验者必须做的工作：首先清理你所使用的模型包中零件的数量，并向实验指导教师报告模型包的完好情况，然后将模型包及实验资料收进抽屉。

5.8　机构创新设计实验报告

班级_____姓名_____同组者_____日期_____成绩_____

一、实验目的

二、实验内容

1. 完成方案设计。要求完成机构简图设计，机构运动分析。

2. 实物要求，完成三维造型和实物模型。

三、回答思考题

1. 简要说明设计思路。

2. 试述本设计的创意性和实用性。

四、心得体会

6 刚性转子动平衡实验

6.1 实验目的

（1）了解工业动平衡机的工作原理。
（2）掌握用硬支承平衡机进行刚性转子动平衡的原理与方法。

6.2 实验设备及工具

（1）YYQ-5 型硬支承平衡机。
（2）转子、配重。
（3）尺子。

6.3 实验原理和方法

6.3.1 实验原理

轴向尺寸较大的转子（$b/D \geqslant 0.2$），如内燃机曲轴、电动机转子和机床主轴等，其偏心质量往往分布在若干个不同的回转平面内。在这种情况下，即使转子的质心在回转轴线上，由于各偏心质量所产生的离心惯性力不在同一回转平面内，因而将形成惯性力偶。这一力偶的作用方位是随转子的回转而变化的，故不但会在支撑中引起附加动压力，也会引起机械设备的振动。这种不平衡现象，单就转子的静止状态是显示不出来的，只有在转子运转的情况下才能显示出来。对这类转子进行平衡，要求转子在运转时其各偏心质量产生的惯性力和惯性力偶矩同时得以平衡。故转子的动平衡的条件是：各偏心质量（包括平衡质量）产生的惯性的矢量和为零，以及这些惯性力所构成的力偶矩矢量和为零，即：

$$\sum p = 0 \qquad \sum M = 0$$

经过平衡计算在理论上已经平衡的转子，由于制造和装配的不精确，材质的不均匀等原因，仍会产生新的不平衡。这时已无法用计算来进行平衡，而只能借助于平衡实验的方法确定不平衡量的大小和方位。在实际操作中，刚性转子无论具有多少个偏心质量，以及分布在多少个回转平面内，都只要在选定的两平衡基面内分别各加上或除去一个适当的平衡质量，即可得到完全平衡。选取平衡基面需要考虑转子的结构和安装空间，以便于安装或除去平衡质量，还要考虑力矩平衡的效果，两平衡基面间的距离应适当大一些。常选择转子的两端面作为平衡基面。转子动平衡原理图如图 6-1 所示。

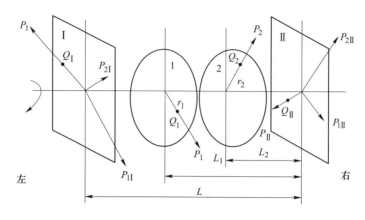

图 6-1　转子动平衡原理图

6.3.2　测量原理分析

YYQ-5 型硬支承平衡机是近年来发展起来的一种较先进的通用平衡机。它的特点是：直接显示不平衡量的大小和相位、效率高、操作简易。

其工作原理为：

（1）由于转子的不平衡产生离心力，迫使支承架振动。由于支承架刚度较大，所以振动幅度小，经机械式的讯号放大机构，将放大后的支承架振动讯号传递给传感器，传感器将机构振动讯号转换成电讯号，输入电测箱。另一方面在车头主轴尾端装有一小型联轴节，带动一永磁小型基准电压发电机，它发出与转子转速同频率的转速信号，输入电测箱，电测箱对输入的两路信号处理后显示出不平衡量的大小和相位。

（2）由于传感器是装在支承轴承处，故测量平面即位于支承平面上，但转子的两个校正平面，根据各种转子的不同工艺要求（如形状、校正手段等）一般选择在轴承以外的各个不同位置上，所以有必要把支承处测量到的不平衡力信号换算到两个校正平面上去。

（3）在"硬支承平衡机"中，轴承支架的刚性很大，由转子质量分布不均匀所产生的离心力，不能使轴承支架产生摆动，因而转子和轴承支架几乎不产生振动偏移，这样"不平衡力"就可以被认为是作用在简支梁上的"静力"，因此，能用单纯静力学的原理来分析转子的动平衡条件。

6.3.3　校正平面上不平衡量的计算

转子形状和装载方式如图 6-2 所示。

若已知 a、b、c、r_1、r_2 和 F_L、F_R（可由传感器测得）时，就可以求解 m_L、m_R。当刚性转子处于动平衡时，必须满足：

$$\left.\begin{array}{l} \sum F = 0 \\ \sum M = 0 \end{array}\right\}$$

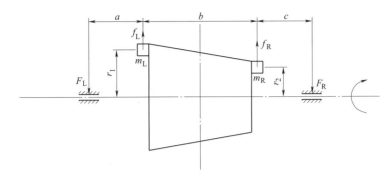

图 6-2 转子形状和装载方式

F_L、F_R—左、右支承轴承上承受的动压力；f_L、f_R—左、右校正平面上不平衡质量产生的离心力；

m_L、m_R—左、右校正平面上的不平衡质量；a、c—左、右校正平面至左、右支承轴承中心间的距离；

b—左、右校正平面之间的距离；r_1、r_2—左、右校正平面的半径

对于硬支承平衡机则可按静力学原理列出下列方程：

$$\left.\begin{array}{l} F_L + F_R - f_L - f_R = 0 \\ F_L a + f_R b - F_R(b+c) = 0 \end{array}\right\}$$

式中，$f_R = m_R r_2 \omega^2$；$f_L = m_L r_1 \omega^2$。

可得

$$\left.\begin{array}{l} m_R = \dfrac{1}{r_2 \omega^2}\left[\left(1+\dfrac{c}{b}\right)F_R - \dfrac{a}{b}F_L\right] \\ m_L = \dfrac{1}{r_1 \omega^2}\left[\left(1+\dfrac{a}{b}\right)F_L - \dfrac{c}{b}F_R\right] \end{array}\right\} \tag{6-1}$$

式（6-1）的物理意义为：

（1）如果转子的几何参数（a、b、c、r_1、r_2）和平衡转速 ω 已确定，则校正平面上应加或减的校正质量可以直接测量出来，并以"克"数显示。

（2）转子校正平面之间的相互影响是由支承和校正平面的位置尺寸 a、b、c、所确定的（式（6-1）中的 $a/b \cdot F_L$ 和 $c/b \cdot F_R$ 项），故不需要校正转子和调整运转实验，就能在平衡前预先进行平面分离和校正，上述两项物理意义恰好表明了硬支承平衡机所具有的特点。

根据不同形状的转子，按其校正平面与支承之间的相对位置，可以有六种不同的装载形式。这六种装载形式的平衡方程通过计算，可以得到四组用来模拟运算的方程式，如表 6-1 所示。

表 6-1　六种装载形式对应的运算方程

转子装载形式	模拟运算方程
	$f_L = \left(1+\dfrac{a}{b}\right)F_L - \dfrac{c}{b}F_R$
	$f_R = \left(1+\dfrac{c}{b}\right)F_R - \dfrac{a}{b}F_L$
	$f_L = \left(1-\dfrac{a}{b}\right)F_L + \dfrac{c}{b}F_R$
	$f_R = \left(1-\dfrac{c}{b}\right)F_R + \dfrac{a}{b}F_L$

转子装载形式	模拟运算方程
	$f_{\mathrm{L}} = \left(1 - \dfrac{a}{b}\right) F_{\mathrm{L}} - \dfrac{c}{b} F_{\mathrm{R}}$ $f_{\mathrm{R}} = \left(1 + \dfrac{c}{b}\right) F_{\mathrm{R}} + \dfrac{a}{b} F_{\mathrm{L}}$
	$f_{\mathrm{L}} = \left(1 + \dfrac{a}{b}\right) F_{\mathrm{L}} + \dfrac{c}{b} F_{\mathrm{R}}$ $f_{\mathrm{R}} = \left(1 - \dfrac{c}{b}\right) F_{\mathrm{R}} - \dfrac{a}{b} F_{\mathrm{L}}$

6.4　YYQ-5 型硬支承平衡机结构及工作原理

转子的动平衡实验主要是消除惯性力的不良影响，将不平衡惯性力加以消除或减小。转子动平衡的方法随着所用动平衡机而异，动平衡机的类型很多，本实验使用的是 YYQ-5 型硬支承平衡机，外观如图 6-3 所示。

如图 6-4 所示为硬支承平衡机结构简图，由机座、左右支承架、传动系统、光电头及支架、电控电测箱等部件组成。

6.4.1　左右支承架

图 6-5 所示为左右支承架结构图。支承架为本机的重要部件，在左右支承架上各装有 V 形支承块，支承块上装有聚四氧乙烯材料制成的支承片，磨损后应予以更换。松开紧定螺钉 1、旋转升降螺钉 2，可调节 V 形支承块升降，调节后应将紧定螺钉紧固。在支承架中部装有压电传感器，在出厂前压电传感器已调整好，用户切勿自行拆卸。如需使支承架左右移动，可将手柄 3 松开，支承架即可在机座上移动，待移动至所需位置后，应将手柄紧固，在左右支架两侧装有限位支架 5，系用来防止转子在支承架上左右窜动。上方有安全架 4，使用时将安全架上的压紧轮轻压在转子轴颈处，以防转子跳出，造成事故。

图 6-3   YYQ-5 型硬支承平衡机外观

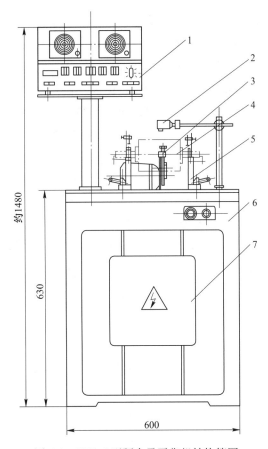

图 6-4   YYQ-5 型硬支承平衡机结构简图

1—电测箱；2—光电架；3—传动系统；4—校验转子；5—左右支承架；6—机座；7—电控系统

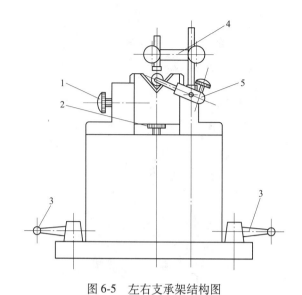

图 6-5　左右支承架结构图

1—紧定螺钉；2—旋转升降螺钉；3—手柄；4—安全架；5—限位支架

6.4.2　传动系统

图 6-6 所示为传动系统结构图。传动系统安装在机座导轨上，由电动机带动传动轮转动，更换"O"形圈在传动轮上的位置，可得到两种不同的转速。当松开紧固螺钉 1，转动圆手柄 2 时，可根据工件外径的大小调节传动架上下的位置。校平衡时转子的旋转方向应为顺时针旋转（从机座右侧向转子方向看）。因此，根据传动"O"形带是外切传动还是内切传动调节电动机的旋转方向。控制电动机旋向的开关装在电控箱内，在转换转向开关前一定要将电源切断。

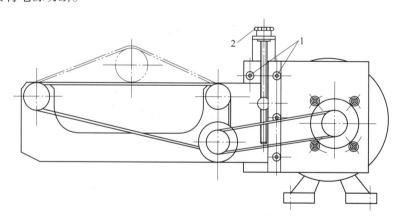

图 6-6　传动系统结构图

1—紧固螺钉；2—圆手柄

6.4.3　电控系统

电控部分安装在机座内部，在后方下部装有总电源插座及电测箱电源插座。在机座前右上方有操作平衡机启动与停止的按钮。本机在出厂时电动机的转向是接外切圆的方向（工件是按顺时针转动），如需内切圆传动，则需将电动机的两根进线相互对调即可得到反向转动。

6.4.4 电测系统

根据刚性转子的平衡原理，一个动不平衡的刚性转子，总可以在与旋转轴垂直而不与转子重心相重合的两个校正平面上减去或加上适当的质量来达到平衡，转子旋转时，支撑架上的轴承受到"不平衡"的交变压力（包含"不平衡"的大小和相位）这一非电量通过压电式传感器转换成电量，然后送入电测箱中的微机测试系统处理和显示。

测试原理框图如图 6-7 所示。整个微机测试系统是通过电荷放大器，一次积分，二次积分，电容开关滤波器，程控放大器，最后通过模/数转换器，将一个模拟的信号转变成等价的数字信号，然后送入计算机，将不平衡量的大小，相位显示在屏幕上。

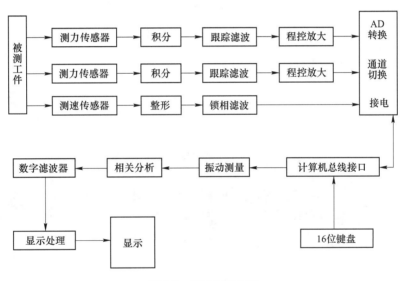

图 6-7　测试原理框图

6.5　实验前的准备

（1）接通电源，打开总电源开关，指示灯亮，预热 30min。

（2）根据转子的形状及结构，选择支承形式，调整左右支承架的位置，并紧固好，将被测转子放在支架上。

（3）根据转子的轴颈尺寸及轴线的水平状态，调节好支承架上滚轮的高度，使转子的轴线保持水平，在旋转时不致窜动。

（4）转子安放后，支承处应加少许润滑油，特别是轴颈和滚轮的表面，应做好清洁工作。

（5）调整好支承架上的限位架及安全架，防止转子轴向窜动，以免发生事故。

（6）根据被校验转子的质量、外径、初始不平衡量及驱动功率，来选择平衡转速。

（7）根据转子的情况，在转子端面或外圆上用特种铅笔或胶纸做上黑色或白色标记，调好光电头的位置，以便于显示出转子不平衡量的相位。

（8）测量出左校正平面至支承轴承中心间的距离 a，右校正平面至右支承轴承中心间的距离 c，左、右校正平面至间的距离 b，左校正平面的平衡半径 r_1，右校正平面的平等半径 r_2，初步确定转速，根据转子的具体情况确定采用加重法或是去重法。

（9）为了避免产生共振，减少电测箱矢量表的光点晃动或数字跳动，保持读数的正确性，转子轴颈的尺寸与支承架滚轮的尺寸尽可能不相同，本机的滚轮外径为95mm。

6.6 实 验 步 骤

（1）在接通电源或按"退出"键以后，仪器进入自检过程，一切正常以后，指示面板显示：

$$bAL\cdots\cdots\cdots\cdots 20H$$

（2）按"执行"键，面板显示：

$$no = x$$

式中，no 为支承形式，共六种，如图6-8所示为控制面板，代号分别为1，2，3，4，5，6，输入相应数字，按"执行"键。

图6-8 控制面板

（3）面板显示：

$$A = \times\times\times\times$$

将 A（a）的尺寸输入，按"执行"键。

（4）依次输入 b，c，r_1，r_2 的尺寸，按"执行"键，方法同上。

（5）面板显示：

$$SP = \times \times \times \times$$

式中 SP 为转子运转速度，再将此参数输入，按"执行"键。

（6）面板显示：

$$run \cdots\cdots$$

这时可启动转子运转。

（7）在被平衡转子上贴好光标纸，对好光电头，使转子正常运转时，面板上"锁相（PLL）"指示灯稳定发光而不能闪动。

（8）这时可分为三种情况：

1）若转子正常运转，显示转速等于设定转速时，（El）显示器指示状态为：

左去重或加重（克）	转速（r/min）	右去重或加重（克）
左相位（度）	转子类型（1—6）	右相位（度）

2）若此时显示转速不等于设定转速，可按"定标"键，以改变设定转速，使其等于显示转速。

3）若运行正常，经数秒钟后，面板显示：

左去重或加重（克）	转速（r/min）	右去重或加重（克）
左相位（度）	右相位（度）	

此时应立刻停机，并按上面显示的数值作加重或去重加工处理。

（9）重复数次，待达到平衡精度的要求时（左、右不平衡量小于 0.5g）平衡实验即告结束。

（10）操作结束，直接关闭电源开关即可。

6.7 注 意 事 项

（1）严格按照实验操作规程进行操作，注意人身设备安全。

（2）准确确定 a、b、c、r_1、r_2 的数据。

（3）滚轮表面应保持清洁，不准黏附铁屑，灰尘杂物，每次工作前后揩净滚轮和转子轴颈，加上少许润滑油。

（4）电测箱是平衡机的重要部件，防止振动和受潮，工作完毕后应关掉电测箱电源开关。

（5）电测箱面板上所有旋钮与开关不得任意拨动，以免损坏元器件和带来测量误差。

6.8 预 习 提 纲

（1）什么是静平衡，什么是动平衡？在什么情况下采用静平衡，什么情况下采用动平衡？

（2）试件经过动平衡之后是否满足静平衡，为什么？

6.9　思　考　题

（1）刚性转子进行动平衡实验的目的是什么？

（2）同一转子在不同的动平衡实验机上测得的不平衡质量是否会完全相同，为什么？

（3）工程上规定许用不平衡量的目的是什么，为什么绝对的平衡是不可能的？

（4）设所测试转子为家用电风扇的扇轮，是否可用同样的方法对其平衡，如何进行？

视频教学

6.10　刚性转子动平衡实验报告

班级_____姓名_____同组者_____日期_____成绩_____

一、实验目的

二、实验原理及步骤

三、实验初始数据

测出 a_____，b_____，c_____，r_1_____，r_2_____。

四、实验记录

五、回答思考题

1. 刚性转子进行动平衡实验的目的是什么？

2. 同一转子在不同的动平衡实验机上测得的不平衡质量是否会完全相同，为什么？

3. 工程上规定许用不平衡量的目的是什么？为什么绝对的平衡是不可能的？

4. 设所测试转子为家用电风扇的扇轮，是否可用同样的方法对其平衡？如何进行？

六、心得体会

7 齿轮范成实验

7.1 实验目的

（1）观察了解渐开线齿廓包络形成的过程，掌握用范成法切制渐开线齿轮齿廓的基本原理。

（2）了解齿廓的根切现象、齿顶变尖现象及避免根切的方法。

（3）分析比较标准齿轮和变位齿轮的异同点。

7.2 实验内容及要求

用范成仪分别模拟范成法切制渐开线标准齿轮和变位齿轮的过程。在齿轮轮坯的圆盘图纸上分别在120°扇形区内画出标准齿轮、正变位齿轮及负变位齿轮的三种齿形（每种至少画出 2~3 个完整齿形）。

7.3 实验原理

由齿轮啮合原理可知：一对渐开线齿轮（或齿轮和齿条）啮合传动时，两轮的齿廓曲线互为包络线。范成法就是利用这一原理来加工齿轮的。用范成法加工齿轮时，其中一轮为形同齿轮或齿条的刀具，另一轮为待加工齿轮的轮坯。刀具与轮坯都安装在机床上，在机床传动链的作用下，刀具与轮坯按齿数比做定传动比的回转运动，与一对齿轮（它们的齿数分别与刀具和待加工齿轮的齿数相同）的啮合传动完全相同。在对滚中刀具齿廓曲线的包络线就是待加工齿轮的齿廓曲线。与此同时，刀具还一面做径向进给运动（直至全齿高），另一面沿轮坯的轴线做切削运动，这样刀具的刀刃就可切削出待加工齿轮的齿廓。由于在实际加工时看不到刀刃包络出齿轮的过程，故通过齿轮范成实验来表现这一过程。在实验中所用的齿轮范成仪相当于用齿条型刀具加工齿轮的机床，待加工齿轮的纸坯与刀具模型都安装在范成仪上，由范成仪来保证刀具与轮坯的对滚运动（待加工齿轮的分度圆线速度与刀具的移动速度相等）。对于在对滚中的刀具与轮坯的各个对应位置，依次用铅笔在纸上描绘出刀具的刀刃廓线，每次所描下的刀刃廓线相当于齿坯在该位置被刀刃所切去的部分。这样我们就能清楚地观察到刀刃廓线逐渐包络出待加工齿轮的渐开线齿廓，形成轮齿切削加工的全过程。

7.4　实验设备和工具

（1）齿轮范成仪的结构及参数如图7-1所示。

齿轮范成仪的结构主要由托盘1，齿条刀具3，滑架4及底座2组成。托盘可绕轴心转动，托盘下有代表分度圆盘的齿轮，该齿轮可与具有齿条的滑架4相啮合，以实现对滚运动；滑架4安装在底座2的水平导向槽内；齿条刀具通过滑架可沿底座导轨移动。因此，齿条刀具移动可带动分度圆盘做纯滚动。在对滚运动中相当于齿条节线与齿轮分度圆（即节圆）做纯滚动。范成仪中齿条刀具可用调节螺母上下移动，以改变刀具中线与轮坯中心的径向距离，可实现变位齿轮的加工。

当被切齿轮的齿数 z 小于最少齿数 $z_{\min}$ 时，刀具的齿顶线将超过基圆与啮合线的切点（即啮合线的极限点 N），则加工出的轮齿根部将产生根切现象。

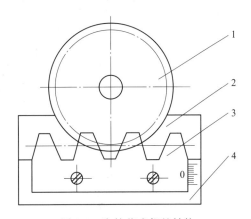

图 7-1　齿轮范成仪的结构

1—托盘；2—底座；3—齿条刀具；4—滑架

（绿色模型：模数 $m=20$mm，齿轮齿数 $z=10$，压力角 $\alpha=20°$，齿顶高系数 $ha^*=1$，

顶隙系数 $c^*=0.25$；铝制模型：模数 $m=25$mm，齿轮齿数 $z=8$）

（2）学生自备：铅笔（H、HB）、橡皮、圆规、直尺、计算器、小剪刀等。

（3）轮坯圆盘纸（在实验室领取）。

7.5　实　验　步　骤

（1）根据已知刀具的参数和被加工齿轮齿数，选择正变位、负变位系数；计算被加工齿轮的分度圆、基圆、齿顶圆、齿根圆的半径和最小变位系数等；再根据此数据在轮坯纸盘上画出相应各圆。

（2）将轮坯纸盘上给定的轮坯外圆及安装孔圆剪出，得到一个待加工的轮坯。

（3）把轮坯纸盘安装到范成仪的托盘上，注意对准中心。

（4）"切制"标准齿轮。调节刀具位置，调节零点，使刀具中线与轮坯分度圆相切。此时，刀具齿顶恰与轮坯根圆相切。

（5）开始"切制"齿廓，先将刀具移向一极端位置，并使轮坯的三等分线移到相应的起点位置。然后每当刀具向另一端移动 2~3mm 距离时，轮坯就转过 $\Delta\phi$ 角，此时用铅笔描下齿条刀刃在轮坯纸盘上的位置。依次重复，直到在 120° 扇形区内形成 2~3 个完整的齿形为止。

（6）观察齿廓曲线包络过程，刀具的齿顶线是否超过啮合线的极限点 N，轮齿根部何处出现根切现象，并将其标明。

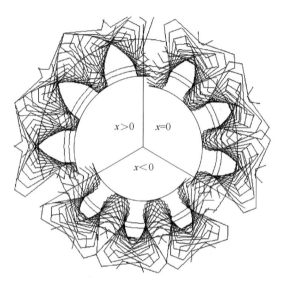

（7）"切制"正变位齿轮。调节刀具位置，将齿条刀具向远离轮坯中心的方向移动一段距离 $xm(\text{mm})$，注意使刀具齿顶线与正变位齿轮的齿根圆相切。再用同样的方法绘制出 2~3 个正变位齿轮的完整齿形。

（8）"切制"负变位齿轮。注意将齿条刀具向轮坯中心移动 $xm(\text{mm})$ 以实现负变位。图 7-2 所示为齿轮范成实验效果图。

图 7-2　齿轮范成实验效果图

（9）取出轮坯，仔细观察分析三种齿形的异同点。

7.6　思　考　题

（1）你所观察到的根切现象发生在何处？用圆圈标出。加工标准齿轮时的根切现象是由什么原因产生的？如何避免？

（2）标准齿轮与变位齿轮的齿形有何不同，其齿廓曲线形状是否完全相同？（可用参数 m、α、d、h、h_f、h_a、p、s 加以比较）。

（3）正变位齿轮的分度圆齿厚增加了，其齿顶圆的齿厚是否也加大了，为什么？

视频教学

7.7　齿轮范成实验报告

班级＿＿＿＿＿　姓名＿＿＿＿＿　同组者＿＿＿＿＿　日期＿＿＿＿＿　成绩＿＿＿＿

一、实验目的

二、实验原理及步骤

三、实验记录

（一）基本数据

1. 齿条刀具参数：模数 $m=$

　　　　　　　　压力角 $\alpha=$

　　　　　　　　齿顶高系数 $h_a^*=$

　　　　　　　　顶隙系数 $c^*=$

2. 被切齿轮参数：齿数 $z=$

　　　　　　　　正变位系数 $x=$

　　　　　　　　负变位系数 $x=$

3. 计算最小变位系数：$x_{min}=ha^*(z_{min}-z)/z_{min}=$

（二）齿轮几何参数计算

名　称	计算公式	标准齿轮	正变位齿轮	负变位齿轮
分度圆直径 d				
基圆直径				
齿顶圆直径				
齿根圆直径				
分度圆齿距				
分度圆齿厚				
全齿高 h				
齿顶高 h_a				
齿根高 h_f				

四、回答思考题

1. 你所观察到的根切现象发生在何处？用圆圈标出。加工标准齿轮时的根切现象是由什么原因产生的？如何避免？

2. 标准齿轮与变位齿轮的齿形有何不同，其齿廓曲线形状是否完全相同？（可用参数 m、α、d、h、h_f、h_a、p、s 加以比较）。

3. 正变位齿轮的分度圆齿厚增加了，其齿顶圆的齿厚是否也加大了，为什么？

五、心得体会

8 机械原理综合实验

8.1 实 验 目 的

培养综合应用机械原理知识分析和解决问题的能力。

8.2 自动颗粒包装机的结构及功能

自动颗粒包装机是小型、立式、三边或四边封合、扁平袋、间歇式包装机。可自动完成制袋、计量、充填、封合、打印批号、加易撕口、切断、计数等全过程。采用固定或可调容杯法计量方式，适用于流动性较好的颗粒状物料的小袋包装。其实物照片如图8-1所示。

图 8-1　自动颗粒包装机实物照片

自动颗粒包装机属于自动机械范畴，它是将卷筒状的挠性材料制成袋筒，充入颗粒物料后，进行封口，三个功能自动连续完成的机器。通常将此型包装机分为下列六个组成部分。

（1）包装材料的整理与供送系统。

（2）被包装物品的剂量与供送系统。

（3）主传动系统。

（4）包装执行机构。包装执行机构是直接完成包装操作的机构，即完成裹包、灌装、封口、贴标、捆扎等操作的机构。

（5）成品输出机构。

（6）控制系统。控制系统由各种手动、自动装置组成。在包装机中从动力的输出、传动机构的运转、包装执行机构的动作及相互配合以及包装产品的输出，都是由控制系统指令操纵的。

8.3　自动颗粒包装机的构成

颗粒包装机由以下 10 个子机构组成：调速机构、主传动机构、拉袋机构、供纸机构、袋成形机构、热封机构、电控机构、光电补偿机构、成品送出机构、计量机构。其系统结构示意图如图 8-2 所示。

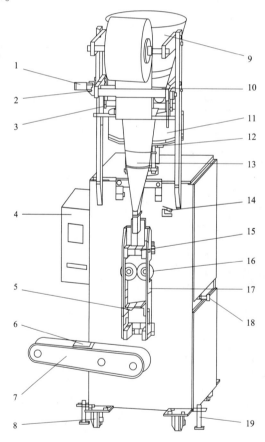

图 8-2　颗粒物包装机系统结构示意图

1—供纸电机；2—接近开关；3—光电头；4—电控箱；5—切刃；6—成品装；7—输送皮带；8—脚轮；9—料斗；
10—控制杆；11—计量盘；12—下料门；13—制袋器；14—离合器手柄；15—热封器；16—滚轮；
17—热封臂板；18—袋长调节手柄；19—地脚螺栓

8.4　包装机技术参数

包装速度：55~80 袋/min；

计量范围：10~50mL；

制袋尺寸：长 50~120mm，宽 60~85mm；

电源电压三相四线制：380V/50Hz；

功率：0.86kW；

重量：195kg；

外形尺寸：长×宽×高 855mm×770mm×1630mm

包装材料：各种复合膜包装材料；

包装材料直径：外径≤300mm，内径=76mm；

工作环境温度：10~40℃；

工作环境湿度：≤85%RH（无结露）；

工作环境：无腐蚀性及易燃易爆气体、粉尘。

8.5　包装机传动系统运动学分析

包装机运动学研究的目的是确定传动系统运动构件的运动速度、加速度等运动参数，以评价机构的运动性能，通过运动学分析，对机构作出评价和改进。

8.5.1　转速的确定

颗粒包装机的物料供应装置是一个转盘式定量供料器，如图 8-3 所示。对于颗粒、粉剂和片剂物料，采用量杯式定容计量。定量供料器为转盘式结构，从料桶流入的物料用沿圆周均布于转盘上的 6 个量杯进行连续定容计量，然后，物料由于自重而自动充填入包装袋内，配合制袋进行装填包装。

制袋装置和供料系统的有机完美配合才能包装好一袋袋定量的产品。转盘转速的大小直接决定着生产效率的高低。转盘转得慢，单位时间内生产的产品袋数就少，但是，量杯内的物料可以完全地通过成形器充填入包装袋内。试想，如果转盘转速过高，超过了一定限度，物料还未来得及落进成形器口，就被旋转的量杯带走了。这样一来就造成了计量的不准确，致使每袋的物料比预装量少了一些。为了解决这一问题，使量杯内的物料全部一粒不留地落进成形器，保证每袋产品的净含量达到预定值，下面以力学和运动学为理论基础，对转盘的转速进行分析计算，从而得到准确计量的转盘的极限转速公式。

为了便于分析落料过程的实质，特作以下几点假设和简化：颗粒都看作是理想的散粒；颗粒的下落流动理解为理想状态下的运动；颗粒的大小相等且质量都为 $m(\mathrm{kg})$；颗粒与量杯相比足够的小；忽略颗粒间的摩擦力和空气的阻力。为了不失一般性，特作以下几点设定：假设量杯都为截面圆直径为 $D(\mathrm{m})$，深度为 $H(\mathrm{m})$ 的空圆柱体；假设转盘的转速

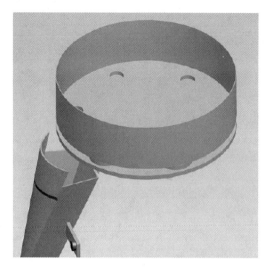

图 8-3　颗粒包装机的布料机构

为 $n(\mathrm{r/s})$；成形器口的 2 个侧边对应转盘的圆心角为 $\theta(\mathrm{rad})$，现考察颗粒 a 在重力 G 和推力 F 作用下的运动过程。

在水平方向上 $\qquad\qquad\qquad\qquad \theta = \omega \cdot t_1 \qquad\qquad\qquad\qquad$ (8-1)

即 $\qquad\qquad\qquad\qquad\qquad\quad t_1 = \theta/\omega \qquad\qquad\qquad\qquad$ (8-2)

在竖直方向上 $\qquad\qquad\qquad\qquad H = \dfrac{1}{2}g \cdot t_2^2 \qquad\qquad\qquad\qquad$ (8-3)

即 $\qquad\qquad\qquad\qquad\qquad\quad t_2 = \sqrt{2H/g} \qquad\qquad\qquad\qquad$ (8-4)

式中，θ 为成形器口的 2 个侧边对应转盘的圆心角，rad；ω 为转盘的角速度，rad/s；H 为量杯的深度，m；t_1 为颗粒经过成形器口的 2 个侧边所用的时间，s；t_2 为颗粒从开始下落到离开量杯底面所用的时间，s。

具备颗粒落入成形器的条件为：

$$t_1 \geqslant t_2 \qquad\qquad\qquad\qquad (8\text{-}5)$$

由式（8-2）和式（8-4）得：

$$\frac{\theta}{\omega} \geqslant \sqrt{\frac{2H}{g}} \qquad\qquad\qquad\qquad (8\text{-}6)$$

即 $\qquad\qquad\qquad\qquad\qquad \omega \leqslant \theta/\sqrt{2H/g} \qquad\qquad\qquad\qquad$ (8-7)

根据 $\qquad\qquad\qquad\qquad\qquad\quad \omega = 2\pi n \qquad\qquad\qquad\qquad$ (8-8)

从而，转盘的极限转速为：

$$n_{极限} = \theta/(2\pi\sqrt{2H/g}) \qquad\qquad\qquad\qquad (8\text{-}9)$$

对于该转速公式，在颗粒包装机上进行实验验证，具体做法是测量量杯的高 H 和成形器口的 2 个侧边对应转盘的圆心角 θ，对公式进行赋值。

8.5.2　运动学分析

颗粒包装机的传动机构如图 8-4 所示。

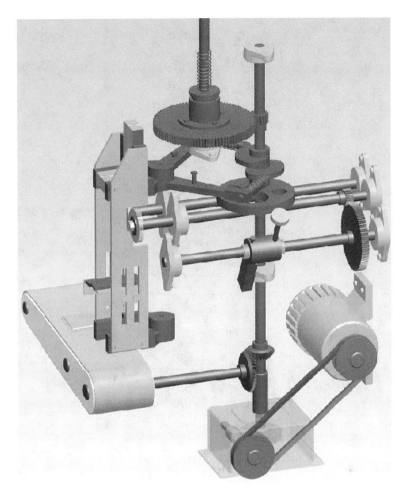

图 8-4　颗粒包装机的传动机构

传动比 $i = 1 : 20$。由此反推主电机转速 n。由于凸轮传动不是匀速传递运动，所以要分析拉袋凸轮和热封凸轮带动的滚轮轴及热封板的运动轨迹及速度、加速度情况。

8.5.2.1　系统三维模型的建立

在 Pro/E 中对包装机零件按照实际尺寸进行三维建模，然后进行装配。对各零、部件按实际使用要求进行配合关系的约束；之后进行公差定义，以检查干涉；随后进入 mechanism 模式进行运动副定义，仿真；至此，建模工作完成。装配好的产品如图 8-5 所示。

8.5.2.2　基于 adams 的分析前处理

模型装配关系建立好以后，就可以对整机进行运动分析了。一般来讲，要对一种复杂的机械系统进行比较精确的运动学及动力学仿真分析研究，比较流行的解决方案就是用专业的 CAD 软件和专业的动力学仿真软件进行联合建模，即先用专业的 CAD 软件精确建立复杂机械系统各零部件的三维实体图和机构装配图，而后转化到专业的运动学、动力学仿真软件下，添加复杂的力和约束，最终形成系统的虚拟样机，并在样机上对系统进行运动学、动力学分析。本章利用 Mech/Pro 软件将其导入 adams 里进行运动学分析，定义好的

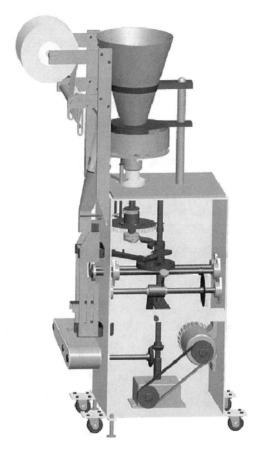

图 8-5　包装机三维模型图

模型如图 8-6 所示。

　　Mech/Pro 是连接 Pro/E 与 ADAMS 之间的桥梁。二者采用无缝连接的方式，使 Pro/E 用户不必退出其应用环境，就可以将装配的总成根据其运动关系定义为机构系统，进行系统的运动学仿真，并进行干涉检查、确定运动锁止的位置、计算运动副的作用力。模型导入 adams 后，要添加约束，定义机构运动副和驱动（由于不是动力学分析，省去施加载荷这一步）。将驱动加载到主电机输出轴，改变速度大小为 $\omega = 30 \text{r/s}$，点击仿真键进行运动仿。

8.5.2.3　运动分析后处理

　　由于主电机匀速运转，经齿轮传递的各部件相应地也匀速运转，而采取凸轮连接方式运动的部件则非匀速运转。因此，应考察凸轮连接部件的位移、速度及加速度变化情况。

　　A　关键件的位移分析

　　分别对上热封板、下热封板和拉袋凸轮从动杆进行测试，得到位移与时间关系曲线图，如图 8-7~图 8-9 所示。由图可以看出，在 0~5s 的测试范围内，前述 3 个零件分别运动 7.5 个周期，与理论计算相符合，上热封板测试点的位移变化范围为 75.3~76.5mm，下热封板测试点的位移变化范围为 78.7~80.5mm，凸轮从动件测试点的位移变化范围为 756~813mm。

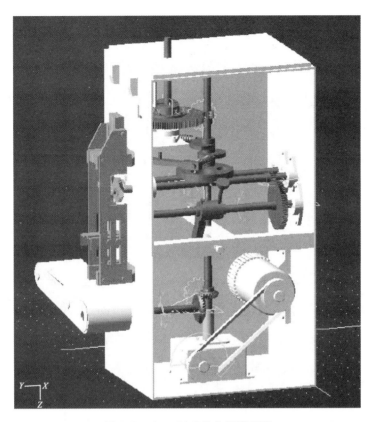

图 8-6　adams 运动学分析模型图

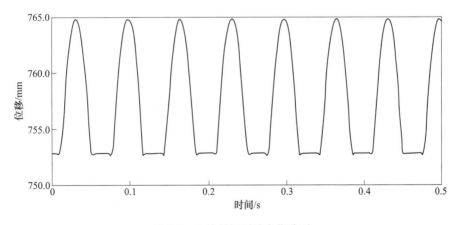

图 8-7　上热封板测试点位移图

B　关键件的角速度分析

分别对上热封板、下热封板和拉袋凸轮从动杆进行测试，得到角速度与时间关系曲线图，如图 8-10～图 8-12 所示。由图可以看出，在 0~0.5s 的测试范围内，上、下热封板测试点的角速度轨迹大小一样，方向相反。说明上、下热封板运动规律对称，与实际运动相符合。

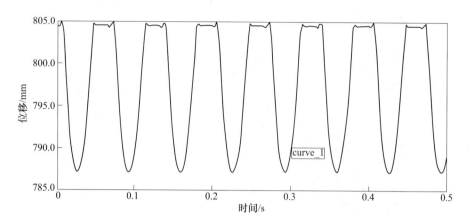

图 8-8　下热封板测试点位移图

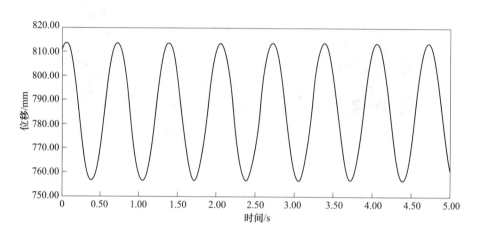

图 8-9　拉袋凸轮从动杆测试点位移图

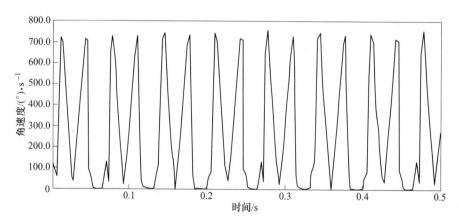

图 8-10　上热封板测试点角速度图

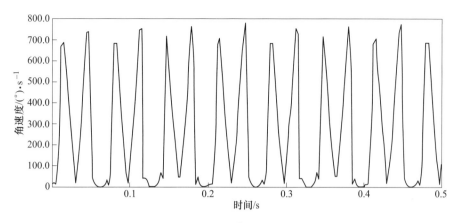

图 8-11 下热封板测试点角速度图

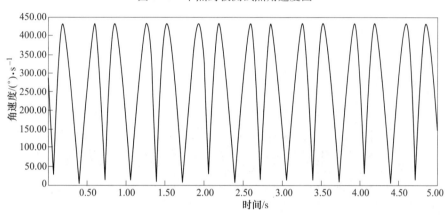

图 8-12 拉袋凸轮从动杆测试点角速度图

C 关键件的角加速度分析

分别对上热封板、下热封板和拉袋凸轮从动杆进行测试,得到角加速度与时间关系曲线图,如图 8-13~图 8-15 所示,由图可以看出,在 0~0.5s 的测试范围内,上、下热封板测试点的角速度轨迹大小一样,方向相反。而且,从图中可以看出,每个周期内,角加速度存在一个尖点。

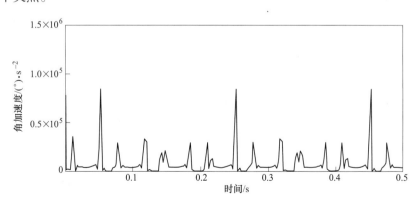

图 8-13 上热封板测试点角加速度图

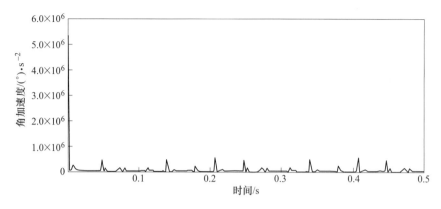

图 8-14   下热封板测试点角加速度图

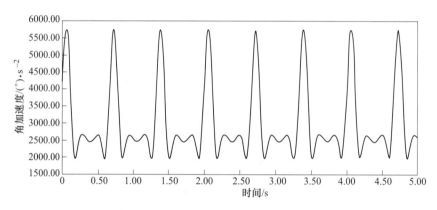

图 8-15   拉袋凸轮从动杆测试点角加速度图

8.5.2.4   数据分析

通过运动学分析，得到了关键零件上热封板、下热封板以及拉袋凸轮从动杆的位移、角速度、角加速度图，掌握了凸轮连接相关构件的运动规律。由以上各图可以看到，上、下热封板和拉袋凸轮从动杆在每个转动周期内都存在两个速度尖点，由于转速高，速度突变将产生很大的振动，对系统影响还是比较大的，突出的两个问题一个是噪声，一个是包装精度。在实际生产中也验证了这两个问题的存在和严重性。

8.6   实 验 内 容

观察颗粒包装机的机械结构，了解机器的功能，进行机构运动分析，掌握应用理论知识分析实际问题的方法。

8.7   实 验 要 求

（1）认真阅读实验指导书，以小组为单位确定实验方案，对颗粒包装机的功能及结构进行分析；

（2）选择颗粒包装机的一个运动机构，分析其中每个组成机构的作用，绘制机构运动简图，计算机构自由度，计算运动参数。

8.8 机械原理综合实验报告

班级_____姓名_____同组者_____日期_____成绩_____

一、实验目的

二、实验内容

1. 认真阅读实验指导书，以小组为单位确定实验方案，对颗粒包装机的功能及结构进行分析。

2. 选择颗粒包装机的一个运动机构，分析其中每个组成机构的作用，绘制机构运动简图，计算机构自由度，计算运动参数。

三、心得体会

第二部分

机械设计实验

9 机械设计认知实验

9.1 实 验 目 的

本实验是为了加强对机械设计中连接、传动、轴系及其他零件的基本类型、结构形式和设计知识的感性认识，配合"机械设计"等课程的讲授，设置了 10 个展柜，较全面地介绍了机械设计的一些基本知识。通过此认知实验，对机械设计方面的知识有整体的了解，提高机械设计能力。

9.2 各实验柜内容简介

9.2.1 螺纹连接与应用

9.2.1.1 螺纹类型

螺纹连接和螺旋传动都是利用螺纹零件工作的。常见的螺纹有 8 种，其中用于紧固的螺纹有 5 种，用于传动的螺纹有 3 种。

用于紧固的螺纹有：（1）粗牙普通螺纹；（2）细牙普通螺纹；（3）圆柱螺纹；（4）圆锥螺纹；（5）管螺纹。

用于传动的螺纹有：（1）矩形螺纹；（2）梯形螺纹；（3）锯齿形螺纹。

9.2.1.2 螺纹连接的类型

A 螺纹连接的四种基本类型

螺纹连接有四种基本类型，分别为：（1）螺栓连接；（2）双头螺柱连接；（3）螺钉连接；（4）紧定螺钉连接。

在螺栓连接中，又有普通螺栓连接与铰制孔用螺栓连接之分。普通螺栓连接的结构特点是被连接件上通孔和螺栓杆间留有间隙；而铰制孔用螺栓连接的孔和螺栓杆间采用过渡配合。

B 螺纹连接的几种特殊结构类型

螺纹连接的几种特殊结构类型为：（1）吊环螺钉连接；（2）T 形槽螺栓连接；（3）地脚螺栓连接。

9.2.1.3 连接件

螺纹连接离不开连接件。螺纹连接件种类很多，常见的有螺栓、双头螺柱、螺钉、螺母、垫圈。它们的结构形式和尺寸已标准化，设计时可根据有关标准选用。

紧固用的螺纹连接要保证连接强度和紧密性；传递运动和动力的螺旋传动，则要保证螺旋副的传动精度、效率和磨损寿命等。

9.2.1.4　预紧力

绝大多数螺纹连接在装配时都必须预先拧紧，以增强连接的可靠性和紧密性。对于重要的连接，如缸盖螺栓连接，既需要足够的预紧力，但又不希望出现因预紧力过大而使螺栓过载拉断的情况。因此，在装配时要设法控制预紧力。控制预紧力的方法和工具很多，本柜陈列的测力矩扳手和定力矩扳手就是常用的工具。测力矩扳手的工作原理是利用弹性变形来指示拧紧力矩的大小，定力矩扳手则利用了过载时卡盘与柱销打滑的原理，调整定力矩扳手弹簧的压紧力可以控制拧紧力矩的大小。

9.2.1.5　防松措施

为了防止连接松脱以保证连接可靠，设计螺纹连接时必须采取有效的防松措施。

A　摩擦防松

摩擦防松的措施有：（1）对顶螺母；（2）弹簧垫圈；（3）自锁螺母。

B　机械防松

机械防松的措施有：（1）开口销与六角开槽螺母；（2）止动垫圈；（3）串联钢丝。

C　特殊防松

特殊防松的措施有：（1）端铆；（2）冲点。

9.2.1.6　提高螺栓连接强度

为了提高螺栓连接的强度，可以采取很多措施，本柜中陈列的腰状杆螺栓、空心螺栓、螺母下装弹性元件以及在气缸螺栓连接中采用较大的硬垫片或密封环密封，都能降低影响螺栓疲劳强度的应力幅。采用悬置螺母、环槽螺母、内斜螺母等均载螺母，能改善螺纹牙上载荷分布不均现象。采用球面垫圈，腰环螺栓连接，在支撑面加工出凸台或沉孔座，倾斜支撑面，加斜面垫圈等，都能减少附加弯曲应力。此外，采用合理的制造工艺方法，也有利于提高螺栓强度。

9.2.2　键、花键、无键、销、铆、焊、胶接

9.2.2.1　键的作用

键是一种标准零件，通常用于实现轴与轮毂之间的周向固定，并传递转矩。

9.2.2.2　键连接的主要类型

（1）普通平键连接；

（2）导向平键连接；

（3）花键连接；

（4）半圆键连接；

（5）楔键连接；

（6）切向键连接。

9.2.2.3 花键连接

花键由外花键和内花键组成。花键连接按其齿形不同，分为矩形花键、渐开线花键、三角形花键，它们都已标准化。花键连接虽然可以看作是平键在数目上的发展，但由于其结构与制造工艺不同，所以在强度、工艺和使用上表现出新的特点。

9.2.2.4 无键连接

凡是轴与毂的连接不用键或花键时，统称无键连接。本柜陈列的型面连接模型，就属于无键连接的一种。无键连接因减少了应力集中，所以能传递较大的转矩，但加工比较复杂。

9.2.2.5 销

销主要用来固定零件之间的相对位置，也可用于轴与毂的连接或其他零件的连接，并可传递不大的载荷。销还可作为安全装置中的过载剪断元件，称为安全销。销可分为圆柱销、圆锥销、槽销、开口销等。

9.2.2.6 铆接

铆接是一种早就使用的简单的机械连接，主要由铆钉和被连接件组成。铆接具有工艺设备简单、抗振、耐冲击和牢固可靠等优点，但结构一般较为笨重。铆件上的孔会削弱强度，铆接时一般噪声很大。因此，目前除在桥梁、建筑、造船等工业部门仍常采用外，应用逐渐减少，并为焊接、胶接所代替。本柜陈列有三种典型的铆缝结构形式：搭接、单盖板对接、双盖板对接。

9.2.2.7 焊接

焊接的方法很多，常见的有电焊、气焊、电渣焊，其中尤以电焊应用最广。电焊焊接时形成的接缝称为焊缝。按焊缝特点，焊接有正接填角焊、搭接填角焊、对接焊、塞焊等基本形式。

9.2.2.8 胶接

胶接是利用胶黏剂在一定的条件下把预制元件连接在一起，并具有一定的连接强度。采用胶接时，要正确选择胶黏剂和设计胶接接头的结构形式。本柜陈列的是板件接头，包括圆柱形接头、锥形及盲孔接头、角接头等典型结构。

9.2.2.9 过盈配合

过盈配合连接是利用零件间的过盈配合来达到连接的目的。本柜陈列的是常见的圆柱面过盈配合连接的应用示例。

9.2.3 带传动

9.2.3.1 带传动的功能

在机械传动系统中，经常采用带传动来传递运动和动力，带传动由主、从动带轮及套在两轮上的传动带所组成。当电动机驱动主动轮转动时，由于带和带轮间摩擦力的作用，便拖动从动轮一起转动，并传递一定的动力。

9.2.3.2　传动带的类型

传动带有多种类型，本柜陈列有平带、标准普通 V 形带、接头 V 形带、多楔带、同步带，其中以标准普通 V 形带应用最广。这种传动带制成无接头的环形，按横剖面尺寸分为 Y、Z、A、B、C、D、E 七种型号。

9.2.3.3　V 形带轮结构形式

本柜陈列的 V 形带轮结构形式有实心式、腹板式、孔板式、轮辐式。选择什么样的带轮结构形式，主要取决于带轮的直径。带轮尺寸由带轮型号确定。

9.2.3.4　防止 V 形带松弛，保证带的传动能力的措施

为了防止 V 形带松弛，保证带的传动能力，设计时必须考虑张紧问题。常见的张紧装置有：滑道式定期张紧装置、摆架式定期张紧装置、利用电动机自重的自动张紧装置、张紧轮装置。

9.2.4　链传动

9.2.4.1　链传动的特点和组成

链传动属于带有中间挠性件的啮合传动，它由主、从动链轮和链条组成。

9.2.4.2　链传动类型

按用途不同，链可分为传动链和起重运输链，常用的是传动链。本柜陈列有常见的单排滚子链、双排滚子链、齿形链、起重链。

9.2.4.3　链轮的类型

链轮是链传动的主要零件。本柜陈列有整体式、孔板式、齿圈焊接式、齿圈用螺栓连接式等不同的链轮。滚子链链轮的齿形已经标准化，可用标准刀具加工。

9.2.4.4　链传动的布置和张紧

链传动的布置是否合适，对传动的工作能力及使用寿命都有较大影响。水平布置时，紧边在上或在下都可以，但在上更好些；垂直布置时，为保证有效啮合，应考虑中心距可调。链传动属于带有中间挠性件的啮合传动，不需要预紧，但是需要布置合适。

链传动张紧的主要目的是，避免在链条垂度过大时产生啮合不良和链条的振动现象。本柜展示有张紧轮定期张紧、张紧轮自动张紧、压板定期张紧等方法。

9.2.5　齿轮传动

9.2.5.1　常见的齿轮传动形式

齿轮传动是机械传动中最主要的一类传动，形式很多，应用广泛。本柜展示的是最常用几种形式：直齿圆柱齿轮传动、斜齿圆柱齿轮传动、人字齿轮传动、齿轮齿条传动、直齿锥齿轮传动、曲齿齿轮传动。

9.2.5.2　齿轮失效形式及设计准则

了解齿轮失效形式是设计计算齿轮传动的基础。本柜陈列展示了齿轮常见的五种失效形式：（1）轮齿折断；（2）齿面磨损；（3）点蚀；（4）胶合；（5）塑性变形。

针对失效形式，可以建立相应的设计准则。目前设计一般使用条件的齿轮传动时，通常是按保证齿根弯曲疲劳强度和保证齿面接触疲劳强度两准则进行计算。

9.2.5.3 轮齿的受力分析

为了进行强度计算，必须对轮齿进行受力分析，本柜陈列的直齿轮、斜齿轮和锥齿轮轮齿受力分析模型，可以形象地显示作用在齿面的法向力分解成圆周力、径向力、轴向力的情况。至于各分力的大小，由相应的计算公式确定。

9.2.5.4 齿轮的结构形式

常用的齿轮结构形式有：齿轮轴、实心式、腹板式、带加强筋的腹板式、轮辐式。设计时主要根据齿轮的尺寸确定。

9.2.6 蜗杆传动

9.2.6.1 蜗杆传动的特点

蜗杆传动是用来传递空间互相垂直而不相交的两轴间的运动和动力的传动机构。由于它具有传动比大而结构紧凑等优点，所以应用广泛。

9.2.6.2 常见的蜗杆传动类型

本柜展示的常见的蜗杆传动类型有：普通圆柱蜗杆传动、圆弧齿圆柱蜗杆传动、圆弧面蜗杆传动、锥蜗杆传动。其中应用最多的是普通圆柱蜗杆传动，即阿基米德蜗杆传动。在通过蜗杆轴线并垂直于蜗轮轴线的中间平面上，蜗杆与蜗轮的啮合关系可以看作是齿条和齿轮的啮合关系。

9.2.6.3 蜗杆的结构形式

由于蜗杆螺旋部分的直径不大，所以常和轴做成一个整体。本陈列柜展示有两种结构形式：一种是无退刀槽，加工螺旋部分时只能用铣制的办法；另一种则有退刀槽，螺旋部分可以车制也可以铣制。但这种结构的刚度较前一种差。当蜗杆螺旋部分的直径较大时，也可以将蜗杆与轴分开制作。

9.2.6.4 蜗轮的结构形式

常用的蜗轮结构形式有：齿圈式、螺栓连接式、整体浇铸式、拼铸式等典型结构，设计时可根据蜗杆尺寸选择。在设计蜗杆传动时，同样要进行受力分析，按对应的公式计算出圆周力、径向力、轴向力。

9.2.7 滑动轴承与润滑密封

滑动摩擦轴承简称滑动轴承，用来支撑转动零件。

9.2.7.1 滑动轴承的分类

按所能承受的载荷方向不同有向心滑动轴承和推力滑动轴承之分。

A 向心滑动轴承

向心滑动轴承（用来承受径向载荷）。可分为：（1）对开式向心滑动轴承，它由对开式轴承座、轴瓦及连接螺栓组成；（2）整体式向心滑动轴承；（3）带锥形表面轴套轴承；（4）多油楔轴承；（5）扇形块可倾轴瓦轴承。

B 推力滑动轴承

推力滑动轴承（用来承受轴向载荷）。由轴承座与推力轴颈组成。常见的结构形式有：（1）实心式；（2）单环式；（3）空心式；（4）多环式。

9.2.7.2 轴瓦

在滑动轴承中，轴瓦是直接与轴颈接触的零件，是轴承的重要组成部分。常用的轴瓦可分为整体式和剖分式两种结构。为了把润滑油导入整个摩擦表面，轴瓦或轴颈上须开设油孔或油槽。油槽的形式一般有纵向槽、环形槽、螺旋槽等。

根据滑动轴承的两个相对运动表面间油膜形成原理的不同，滑动轴承有动压轴承和静压轴承之分。

从本柜展示的向心动压滑动轴承的工作状况可以看出，当轴颈转速达到一定值后，才有可能形成完全液体摩擦状态。静压轴承是依靠外界供给的压力油而形成承载油膜，使轴颈和轴承相对转动时处于完全液体摩擦状态的。本柜的模型展示了这种滑动轴承的基本原理。

9.2.7.3 润滑装置

在摩擦面间加入润滑剂进行润滑，有利于降低摩擦，减轻磨损，保护零件不遭锈蚀，而且在采用循环润滑时可起到散热降温的作用。本柜陈列的是常用的润滑装置，如手工加油润滑用的压柱油杯，旋套式油杯，手动式滴油油杯，油芯式油杯等。它们适用于使用润滑油分散润滑的机器。此外，本柜还陈列有用于脂润滑的直通式压注油杯和连续压注油杯。

9.2.7.4 密封装置

机器设备密封性能的好坏，是衡量设备质量的重要指标之一。机器常用的密封装置可分为接触式密封和非接触式密封。

A 接触式密封

接触式密封又分为：（1）毡圈密封；（2）皮碗密封；（3）O 形橡胶圈密封。

接触式密封的特点是结构简单、价廉，但磨损较快，使用寿命较短，适合速度较低的场合。

B 非接触式密封

非接触式密封又分为：（1）油沟密封槽密封；（2）迷宫密封槽密封。

非接触式密封适合速度较高的地方。

密封装置中的密封件都已标准化或规格化，设计时应查阅有关标准选用。

9.2.8 滚动轴承与装置设计

9.2.8.1 滚动轴承的结构

滚动轴承由内圈、外圈、滚动体、保持架 4 部分组成。滚动体是形成滚动摩擦的基本元件，它可以制成球状或不同的滚子形状，相应地有球轴承和滚子轴承。

9.2.8.2 滚动轴承分类

根据承受的外载荷不同，滚动轴承分为3大类型：（1）推力轴承；（2）向心轴承；（3）向心推力轴承。

在各个大类中，又可做成不同结构、尺寸、精度等级，以便适应不同的技术要求。

9.2.8.3 常用的10类滚动轴承

（1）深沟球轴承；

（2）调心球轴承；

（3）圆柱滚子轴承；

（4）调心滚子轴承；

（5）滚针轴承；

（6）螺旋滚子轴承；

（7）角接触球轴承；

（8）圆锥滚子轴承；

（9）推力球轴承；

（10）推力调心滚子轴承。

9.2.8.4 合理选用滚动轴承

国家标准GB/T 272—2017规定了轴承代号的表示方法，应熟悉基本代号含义，据此识别常用轴承的主要特征，合理地选用滚动轴承。滚动轴承工作时，轴承元件上的载荷和应力是变化的，连续运转的轴承有可能发生疲劳点蚀，因此需要按疲劳寿命选择滚动轴承的尺寸。

要保证轴承顺利工作，必须解决轴承的安装、紧固、调整、润滑、密封等问题，即进行轴承装置的结构设计或轴承组合设计。

9.2.8.5 常用的10种轴承部件结构模型

（1）第1种为直齿轮轴承部件。它采用深沟球轴承，两轴承内圈一侧用轴肩定位，外圈靠轴承盖轴向紧固，属于两端固定的支撑结构。右端轴承外圈与轴承盖有间隙。采用U形橡胶油封密封。

（2）第2种为直齿轮轴承部件，这也是两端固定的支撑结构。它采用深沟球轴承和嵌入式轴承盖，轴向间隙靠右端轴承外圈与轴承盖间的调整环保证，采用密封槽密封。

（3）第3种为斜齿轮轴承部件。采用角接触轴承，两轴承内侧加挡油盘进行内封。靠轴承盖与箱体间的调整垫片来保证轴承有合适的轴向间隙，采用U形橡胶油封密封。也属于两端固定的支撑结构。

（4）第4种、第5种都是斜齿轮轴承部件，请自行分析它们的结构特点。

（5）第6种为人字齿轮轴承部件。采用外圈无挡边圆柱滚子轴承，靠轴承内、外圈双向轴向固定。工作时轴可以自由地做双向轴向移动，以实现自动调节。这是一种两端游动的支撑结构。

（6）第7种和第8种为小圆锥齿轮轴承部件，都采用圆锥滚子轴承。一种正装，一种反装。轴套内外两组垫片可分别用来调整轮齿的啮合位置及轴承的间隙，采用毡圈密封。

正装方案安装调整方便，反装方案可使支撑刚度稍大，但结构复杂，安装调整不便。

（7）第 9 种和第 10 种为蜗杆轴承部件。第 9 种采用圆锥滚子轴承，两端固定方式布置。第 10 种则为一端固定，一端游动的方式，固定端采用一对角接触轴承，游动端采用一个深沟球轴承。这种结构可用于转速较高、轴承较大的场合。

9.2.8.6 滚动轴承装置设计中需要注意的两个问题

（1）轴承内、外圈的轴向紧固的常用方法；

（2）为了提高轴承旋转精度和增加轴承装置刚性，轴承应以预紧，即在安装时用某种方法在轴承中产生并保持一轴向力，以消除轴承侧向游隙。

9.2.9 轴的分析与设计

轴是组成机器的主要零件之一，一切回转运动的传动零件，都必须安装在轴上才能进行运动及动力传递。

9.2.9.1 轴的分类

本柜中展示的有光轴、阶梯轴、空心轴等直轴，曲轴，专用的钢丝软轴。直轴按承受载荷性质的不同可分为：（1）心轴，心轴只承受弯矩；（2）转轴，转轴既承受弯矩又承受转矩；（3）传动轴，传动轴主要承受转矩。

9.2.9.2 轴上零件的定位

设计轴的结构时，必须考虑轴上零件的轴向定位和周向定位。轴上零件可分别利用轴肩、套筒、圆螺母、紧定螺钉、弹簧挡圈、螺钉锁紧挡圈、圆锥形轴端等进行零件的轴向定位。可利用键、花键、过盈配合等方法进行周向定位。

9.2.9.3 轴的结构设计要注意的几个工艺性问题

轴肩的过渡结构，有利于减少轴在剖面突变处的应力集中，改善了轴的抗疲劳强度；砂轮越程槽、螺纹退刀槽都有利于加工。

9.2.9.4 轴的设计

轴的设计主要有两方面的内容：一是轴的结构设计；二是轴的工作能力计算。

轴的结构设计主要定出轴的合理外形和全部结构尺寸。本柜以减速器输出轴的结构设计为例，说明轴的结构设计过程与方法。此处假设轴上齿轮、轴承及联轴器的相互位置已确定，在此基础上，轴的结构设计过程分为三步进行。

（1）第一步，即根据轴所传递的转矩，按扭转强度初步估算出轴的直径，此轴径可作为安装联轴器处的最小直径。

（2）第二步，即确定各段轴的直径及长度，以最小直径为基础，逐步确定安装轴承的齿轮处的轴段直径，各轴段的长度根据轴上零件宽度及相互位置确定。

（3）第三步，即考虑轴上零件定位紧固要求，确定轴的结构形状和尺寸。由模型可见，齿轮右端设计了轴环，以用其轴肩定位齿轮。右轴承和联轴器处都设计出定位轴肩，轴上设计出键槽以对齿轮、联轴器进行周向定位。

此外，常采用套筒、轴端压板、轴承盖等轴向定位方法及毡圈密封方式。

对于不同的装配方案，可以得出不同的轴的结构形式。本柜中还陈列有另外两种轴的典型结构形式，要观察思考这两种结构特点。

注意：各定位轴肩的高度应根据结构需要确定，尤其要注意滚动轴承处定位轴肩，其高度不应超过轴承内圈，以便于轴承拆卸。为减小轴在剖面突变处的应力集中，应设计有过渡圆角。过渡圆角半径必须小于与之配合的零件的倒角尺寸或圆角半径，以使零件得到可靠的定位。为了便于安装，轴端应设计倒角。轴上的两个键槽设计在同一直线上，有利于加工。

在初步完成轴的结构设计后，便可进行轴的工作能力校核计算。计算准则是满足轴的强度或刚度要求，必要时还应校核轴的振动稳定性。校核满意，便可绘制轴的零件工作图。

9.2.10 联轴器与离合器

9.2.10.1 联轴器的功能

联轴器是用来连接两轴以传递运动和转矩的部件。

9.2.10.2 联轴器的基本类型特点

本柜陈列有固定式刚性联轴器、可移式刚性联轴器、弹性联轴器等基本类型。

A 固定式刚性联轴器

固定式刚性联轴器分为：（1）凸缘联轴器；（2）套筒式联轴器。

由于它们无可移性，无弹性元件，对所连接两轴间的偏移缺乏补偿能力，所以只适合转速低、无冲击、轴的刚度大和对中性较好的场合。

B 可移动式刚性联轴器

可移式刚性联轴器可分为：（1）十字滑块联轴器；（2）滑块联轴器；（3）十字轴式万向联轴器；（4）齿式联轴器。

这类联轴器因具有可移性，故可补偿两轴间的偏移。但因无弹性元件，不能缓冲减振。

C 弹性联轴器

弹性联轴器分为：（1）弹性套柱销联轴器；（2）柱销联轴器；（3）轮胎联轴器；（4）星形弹性联轴器；（5）梅花形弹性联轴器。

这类联轴器的共同特点是装有弹性元件，不仅可以补偿两轴间的偏移，而且有缓冲减振的能力。

上述各联轴器已标准化或规格化，设计时只需参考手册，根据机器的工作特点及要求，结合联轴器的性能选定合适的类型。

9.2.10.3 离合器的功能

离合器也是用来连接两轴以传递运动和转矩的，但它能在机器运转中将传动系统随时分离或接合。

9.2.10.4 离合器的类型和特点

本柜陈列有牙嵌离合器、摩擦离合器、特殊结构与功能的离合器。

（1）牙嵌离合器。本柜展示的有应用较广的牙嵌离合器、内啮合式离合器。离合器由两个半离合器组成，其中一个固定在主动轴上，另一个用导键或花键与从动轴连接，并可用操纵机构使其做轴向移动，以实现离合器的分离与接合。这类离合器一般用于低速接合处。

（2）摩擦离合器。本柜展示有单盘摩擦离合器、多盘摩擦离合器、锥形摩擦离合器。与牙嵌离合器相比，摩擦离合器不论在任何速度时都可离合，接合过程平稳，冲击振动较小，过载时可以打滑，但其外廓尺寸较大。

（3）特殊结构与功能的离合器。本柜展示的有只能传递单向转矩的滚柱式定向离合器，过载自行分离的滚珠离合器，以及可控制速度的离心离合器。

9.3　机械设计认知实验报告

班级_____姓名_____同组者_____日期_____成绩_____

一、回答思考题

1. 常见的螺纹类型有哪些?

2. 键的主要类型有哪些?

3. 齿轮常见的失效形式有哪几种?

4. 列举几种常用的滚动轴承。

5. 弹性联轴器有几种? 共同特点是什么?

二、心得体会

10 螺栓组连接实验

10.1 实 验 目 的

现代各类机械工程中广泛应用螺栓组机构进行连接。如何计算和测量螺栓受力情况及静、动态性能参数是工程技术人员面临的一个重要课题。本实验通过对一螺栓组及单个螺栓进行受力分析，要求达到下述目的：

(1) 螺栓组实验。

1）了解托架螺栓组受翻转力矩引起的载荷对各螺栓拉力的分布情况；

2）根据拉力分布情况确定托架底板旋转轴线的位置；

3）将实验结果与螺栓组受力分布的理论计算结果相比较。

(2) 单个螺栓静载实验。

了解受预紧轴向载荷螺栓连接中，零件相对刚度的变化对螺栓所受总拉力的影响。

(3) 单个螺栓动载荷实验。

通过改变螺栓连接中零件的相对刚度，观察螺栓中动态应力幅值的变化。

10.2 螺栓实验台结构及工作原理

10.2.1 螺栓组实验台结构与工作原理

螺栓组实验台的结构如图 10-1 所示。

图 10-2 所示为螺栓组实验台的结构简图。图中 1 为三角形托架，在实际使用中多为水平放置，为了避免由于自重产生力矩的影响，在本实验台上设计为垂直放置。托架以一组螺栓 3 连接于支架 2 上。加力杠杆组 4 包含两组杠杆，其臂长比均为 1:10，则总杠杆比为 1:100，可使加载砝码 6 产生的力放大到 100 倍后压在托架支承点上。螺栓组的受力与应变转换为粘贴在各螺栓中部电阻应变片 8 的伸长量，用应变仪来测量。应变片在螺栓上相隔 180° 粘贴两片，输出串接，以补偿螺栓受力弯曲引起的测量误差。引线由孔 7 中接出。

加载后，托架螺栓组受到一横向力及力矩，与接合面上的摩擦阻力相平衡。而力矩则使托架有翻转趋势，使得各个螺栓受到大小不等的外界作用力。根据螺栓变形协调条件，各螺栓所受拉力 F（或拉伸变形）与其中心线到托架底板翻转轴线的距离 L 成正比。即：

$$\frac{F_1}{L_1} = \frac{F_2}{L_2}$$

(10-1)

图 10-1　螺栓组实验台的外观

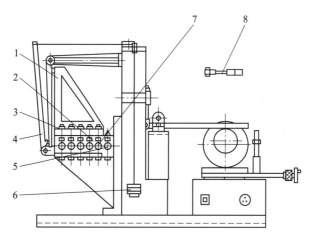

图 10-2　螺栓组实验台的结构简图

1—三角形托架；2—支架；3—螺栓组；4—加力杠杆组；5—补偿片；

6—加载砝码；7—孔；8—电阻应变片

式中，F_1、F_2 为安装螺栓处由于托架所受力矩而引起的力，N；L_1、L_2 为从托架翻转轴线到相应螺栓中心线间的距离，mm。

螺栓组的布置如图 10-3 所示。本实验台中第 2、第 4、第 7、第 9 号螺栓下标为 1；第 1、第 5、第 6、第 10 号螺栓下标为 2；第 3、第 8 号螺栓距托架翻转轴线距离为零（$L=0$）。

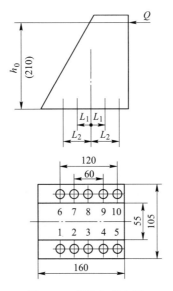

图 10-3   螺栓组的布置

根据静力平衡条件得：

$$M = Qh_0 = \sum_{i=1}^{i=10} F_i L_i \tag{10-2}$$

$$M = Qh_0 = 2 \times 2F_1 L_1 + 2 \times 2F_2 L_2 \tag{10-3}$$

式中，Q 为托架受力点所受的力，N；h_0 为托架受力点到接合面的距离，mm。

本实验中取 $Q=3500$N；$h_0=210$mm；$L_1=30$mm；$L_2=60$mm。

则第 2、第 4、第 7、第 9 号螺栓的工作载荷为：

$$F_1 = \frac{Qh_0 L_1}{2 \times 2(L_1^2 + L_2^2)} \tag{10-4}$$

第 1、第 5、第 6、第 10 号螺栓的工作载荷为：

$$F_2 = \frac{Qh_0 L_2}{2 \times 2(L_1^2 + L_2^2)} \tag{10-5}$$

10.2.2 螺栓预紧力的确定

本实验是在加载后不允许连接接合面分开的情况下来预紧和加载的。连接在预紧力的作用下，其接合面产生挤压应力为：

$$Q_p = \frac{ZQ_0}{A} \tag{10-6}$$

悬臂梁在载荷 Q 力的作用下，在接合面上不出现间隙，则最小压应力为：

$$\frac{ZQ_0}{A} - \frac{Qh_0}{W} \geqslant 0 \tag{10-7}$$

式中 Q_0——单个螺栓预紧力，N；

       Z——螺栓个数，$Z=10$；

       A——接合面面积，$A=a(b-c)$，mm²；

W——接合面抗弯截面模量。

$$W = \frac{a^2(b-c)}{b} \qquad (10\text{-}8)$$

式中，$a=160\text{mm}$；$b=105\text{mm}$；$c=55\text{mm}$。

因此

$$Q_0 \geqslant \frac{6Qh_0}{Za} \qquad (10\text{-}9)$$

为保证一定安全性，取螺栓预紧力为：

$$Q_0 = (1.25 \sim 1.5)\frac{6Qh_0}{Za} \qquad (10\text{-}10)$$

再分析螺栓的总拉力。在翻转轴线以左的各螺栓（第4、第5、第9、第10号螺栓）被拉紧，轴向拉力增大，其总拉力为：

$$Q_i = Q_0 + F_i\frac{C_L}{C_L+C_F} \qquad (10\text{-}11)$$

或

$$F_i = (Q_i - Q_0)\frac{C_L+C_F}{C_L} \qquad (10\text{-}12)$$

在翻转轴线以右的各螺栓（第1、第2、第6、第7号螺栓）被放松，轴向拉力减小，总拉力为：

$$Q_i = Q_0 - F_i\frac{C_L}{C_L+C_F} \qquad (10\text{-}13)$$

或

$$F_i = (Q_0 - Q_i)\frac{C_L+C_F}{C_L} \qquad (10\text{-}14)$$

式中　$\dfrac{C_L}{C_L+C_F}$——螺栓的相对刚度；

　　　C_L——螺栓刚度；

　　　C_F——被连接件刚度。

螺栓上所受到的力是通过测量应变值而计算得到的，根据虎克定律：

$$\varepsilon = \frac{\sigma}{E} \qquad (10\text{-}15)$$

式中　ε——应变量；

　　　σ——应力，MPa；

　　　E——材料的弹性模量。

对于钢材，取$E=2.06\times10^5\text{MPa}$，则螺栓预紧后的应变量为：

$$\varepsilon_0 = \frac{Q_0}{E} = \frac{4Q_0}{E\lambda d^2} \qquad (10\text{-}16)$$

螺栓受载后总应变量为：

$$\varepsilon_i = \frac{E\lambda d^2}{4}\varepsilon_0 = K\varepsilon_0 \tag{10-17}$$

或

$$Q_i = \frac{E\lambda d^2}{4}\varepsilon_i = K\varepsilon_i \tag{10-18}$$

式中　d——被测处螺栓直径，mm；

　　　K——系数，$K = \dfrac{E\pi d^2}{4}$，N。

因此，可得到螺栓上的工作压力在翻转轴线以左的各螺栓（第4、第5、第9、第10号螺栓）的工作拉力为：

$$F_i = K\frac{C_L + C_F}{C_L}(\varepsilon_i - \varepsilon_0) \tag{10-19}$$

在翻转轴线以右的各螺栓（第1、第2、第6、第7号螺栓）的工作拉力为：

$$F_i = K\frac{C_L + C_F}{C_L}(\varepsilon_0 - \varepsilon_i) \tag{10-20}$$

10.2.3　单螺栓实验台结构及工作原理

单螺栓实验台部件的结构如图10-4所示。旋动调整螺母1，通过支持螺杆2与加载杠杆8，即可使吊耳3受拉力载荷，吊耳3下有垫片4，改变垫片材料可以得到螺栓连接的不同相对刚度。吊耳3通过被实验单螺栓5、紧固螺母6与机座7相连接。电机9的轴上装有偏心轮10，当电机轴旋转时由于偏心轮转动，通过杠杆使吊耳和被实验单螺栓上产生一个动态拉力。吊耳3与被实验单螺栓5上都贴有应变片，用于测量其应变大小。调节丝杠12可以改变小溜板的位置，从而改变动拉力的幅值。

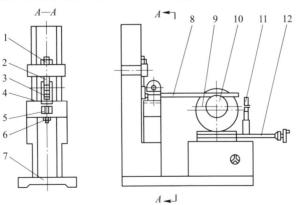

图 10-4　单个螺栓实验台

1—螺母；2—螺杆；3—吊耳；4—垫片；5—单螺栓；6—紧固螺母；7—机座；8—加载杠杆；
9—电机；10—偏心轮；11—预紧或加载手轮；12—调节丝杠

10.3　实验方法及步骤

10.3.1　接静动态应变仪实验方法及步骤

10.3.1.1　螺栓测量电桥结构及工作原理

如图 10-5 所示，实验台每个螺栓上都贴有二片应变片 $R_{应}$（阻值 120Ω，灵敏系数 2.22）与两个固定精密电阻 $R_{阻}$（阻值 120Ω）组成一全桥结构的测量电路。

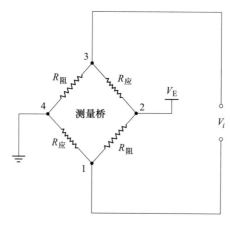

图 10-5　测量电桥

设当螺栓受力拉伸变形时应变片阻值变化为 ΔR，则有：

$$V_3 = \frac{R_{阻}}{R_{阻} + R_{应} + \Delta R} \cdot V_E$$

$$V_1 = \frac{R_{应} + \Delta R}{R_{阻} + R_{应} + \Delta R} \cdot V_E$$

式中

$$V_i = V_1 - V_3 = \frac{R_{应} + \Delta R - R_{阻}}{R_{阻} + R_{应} + \Delta R} \cdot V_E$$

$$V_i \approx \frac{\Delta R}{2R} \cdot V_E \quad (R = R_{应} = R_{阻})$$

上式中 V_i 即为实验台被测螺栓全桥测量电路的输出压差值。

实验台实验螺栓测量电桥设计时考虑到每次做实验时间不会太长，在实验时间内环境湿度变化不大，故没有设置温度补偿片，在实验时只要保证测试系统足够的预热时间即可消除温度影响。

（1）接应变仪：系统连接后打开电源，按所采用应变仪要求先预热，再调平衡。

（2）接 LSC-Ⅱ型螺栓组及单螺栓综合实验仪：系统正确连接后打开实验仪电源，预热 5min 以上，再进行校零等实验操作。

10.3.1.2　螺栓组实验

（1）在实验台螺栓组各螺栓不加任何预紧力的状态下，并按应变仪使用说明书进行预热（一般为 3min）并调平衡。

（2）由式（10-10）计算每个螺栓所需的预紧力 Q_0，并由公式（10-17）计算出螺栓的预紧应变量 ε_0。

（3）按式（10-4），式（10-5）计算每个螺栓的工作拉力 F_i，将结果填入实验报告的表 10-1 中。

（4）逐个拧紧螺栓组中的螺母，使每个螺栓具有预紧应变量 $500\mu\varepsilon$，注意应使每个螺栓的预紧应变量 ε 尽量一致，误差允许在 450~550。

（5）对螺栓组连接进行加载，加载 3500N，其中砝码连同挂钩的重量为 3.754kg。停歇 2min 后卸去载荷，然后再加上载荷，在应变仪上读出每个螺栓的应变量 ε_i，填入实验报告的表 10-2 中，反复做 3 次，取 3 次测量值的平均值为实验结果。

（6）画出实测的螺栓应力分布图。

（7）用机械设计中的计算理论计算出螺栓组连接的应变图，与实验结果进行对比分析。

10.3.1.3 单个螺栓静载实验

（1）旋转图 10-4 中的调节丝杠 12 摇手，移动小溜板至最外侧位置。

（2）如图 10-4 所示，旋转紧固螺母 6，预紧被试单螺栓 5，预紧应变为 $\varepsilon_1 = 500\mu\varepsilon$。

（3）旋动调整螺母 1，使吊耳上的应变片（12 号线）产生 $\varepsilon = 50\mu\varepsilon$ 的恒定应变。

（4）改变用不同弹性模量的材料的垫片，重复上述步骤，记录螺栓总应变 ε_0。

（5）用下式计算相对刚度 C_ε，并作不同垫片结果的比较分析。

$$C_e = \frac{\varepsilon_0 - \varepsilon_i}{\varepsilon} \times \frac{A'}{A}$$

式中　A——吊耳测应变的截面面积，本实验 A 为 224mm^2；

　　　A'——实验螺杆测应变的截面面积，本实验中 A' 为 50.3mm^2。

10.3.1.4 单个螺栓动载荷实验

（1）安装钢制垫片。

（2）将图 10-4 中的被试单螺栓 5 加上预紧力，预紧应变仍为 $\varepsilon_1 = 500\mu\varepsilon$（可通过 11 号线测量）。

（3）将加载偏心轮转到最低点，并调节调整螺母 1，使吊耳应变量 $\varepsilon = 5~10\mu\varepsilon$（通过 12 号线测量）。

（4）开动小电机，驱动加载偏心轮。

（5）分别将 11 号线、12 号线信号接入示波器，从荧光屏上的波形线分别估计地读出螺栓的应力幅值和动载荷幅值，也可用毫安表读出幅值。

（6）换上环氧垫片，移动电机位置以改变钢板比，调节动载荷大小，使动载荷幅值与用钢垫片时相一致。

（7）再估计地读出此时的螺栓应力幅值。

（8）做不同垫片下螺栓应力幅值与动载荷幅值关系的对比分析。

（9）松开各部分，卸去所有载荷。

（10）校验电阻应变仪的复零性。

10.3.2　接微机实验方法及步骤

10.3.2.1　系统组成及连接

LSC-Ⅱ型螺栓组及单螺栓连接静、动态综合实验系统，也可由 LSC-Ⅱ型螺栓组及单螺栓组合实验台、LSC-Ⅱ螺栓综合实验仪、微机算机及相应的测试软件所组成。

打开实验仪面板上的电源开关，接通电源，并启动计算机。

启动螺栓实验应用程序进入程序主界面如图 10-6 所示。

图 10-6　程序主界面

10.3.2.2　螺栓组静载实验

A　主界面及相关功能

点击"螺栓组平台"进入螺栓组静载实验界面，如图 10-7 所示。

螺栓组静载实验界面由数据显示区、图形显示区、采集区、信息总汇和工具栏组成。

（1）数据显示区。数据显示区显示当前螺栓检测的数据包括螺栓号，所受载荷及应变。

（2）图形显示区。显示螺栓所受力与应变的关系图。

（3）采集区。用户可通过选择采集通道中的复选框来选定所要检测的某几个通道的螺栓，或选择所有通道，当用户采集完需显示某几个通道螺栓数据时也可通过这些复选框来选定所要显示的螺栓受力情况。

（4）信息总汇。信息总汇有两个选择框，上一个选择框保存了最近十次采集的数据，用户任意选择其中一次显示数据及图形。

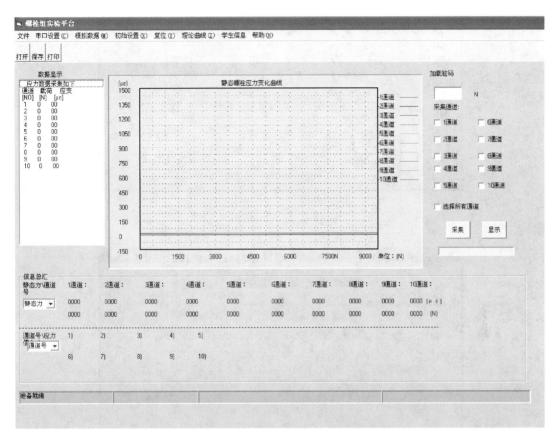

图 10-7 螺栓组静载实验界面

（5）工具栏。工具栏包括文件，串口设置，模拟数据，初始设置，复位，理论曲线，学生信息，及帮助。

1）文件：打开——可打开之前保存的数据文件；保存数据——保存当前实验采集的数据；保存图片——保存当前显示的图片；打印——打印当前的图片、相关数据及系统的一些参数；另存为——同保存数据；退出——退出系统。

2）串口设置：如果计算串口选择的是端口 2，需要在串口设置中选择 COM2（默认 COM1）。

3）模拟数据：显示出厂设置中的保存的模拟数据及图形。

4）初始设置：包括标准参数设置，校零，加载预紧力，标定及恢复出厂设置。

① 标准参数设置：螺栓组参数设置如图 10-8 所示，如果更换设置中相应的器件，需修改其中的参数。（一般不建议修改）

② 校零：当用户第一次使用此设备或反复做本实验时需要校零。螺栓组校零前需先松开所有螺栓然后点击确定，系统会自动采集数据，按退出即关闭校零程序。

B 实验操作方法及步骤

（1）校零：松开螺栓组各螺栓。

点击工具栏中初始设置——校零，校零程序如图 10-9 所示。

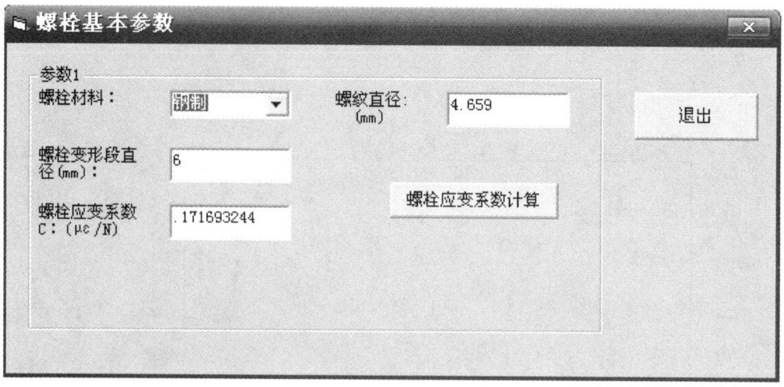

图 10-8   螺栓组参数设置

图 10-9   校零程序

点击确定，系统就会自动校零。校零完毕后点击退出，结束校零。

（2）给螺栓组加载预紧力：点击工具栏中初始设置——加载预紧力，出现图 10-10。

图 10-10   提示信息

点击确定，此时用户可以用扳手给螺栓组加载预紧力（注：在加载预紧力时应注意始终使实验台上托架处于正确位置，也就是使螺栓垂直托架与实验台底座平行），系统则自动采集螺栓组的受力数据并显示在数据窗口，用户可以通过数据显示窗口逐个调整螺栓的受力到 $500\mu\varepsilon$ 左右，加载预紧力完毕。

（3）给螺栓组加载砝码：加载前先在程序界面加载砝码文本框中输入所加载的砝码的大小并选择所要检测的通道，如图 10-11 所示。

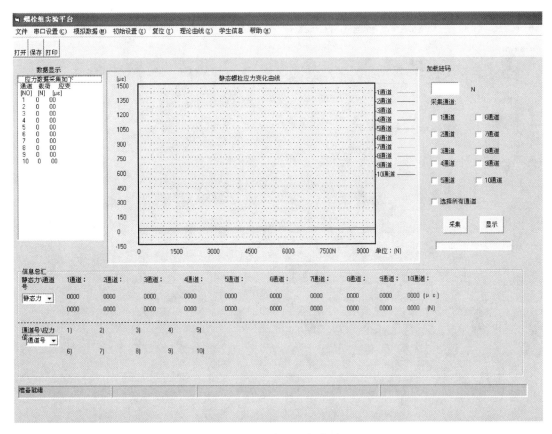

图 10-11　程序界面加载砝码

　　然后悬挂好所要加载的砝码，再点击采集，此时系统则会把加载砝码后的数据实时地采集上来，等到采集上来的数据稳定时点击停止按钮，这时系统停止采集，并将数据图像显示在应用程序界面上，如图 10-12 所示。

10.3.2.3　单螺栓静载实验

A　主界面及相关功能

　　单螺栓界面主要实现相对刚度测量和螺栓动载荷实验，如图 10-13 所示。工具栏有文件，串口设置，模拟数据，螺栓实验，初始设置，复位，理论曲线，学生信息，帮助组成。

　　（1）文件：打开——可打开之前保存的数据文件；保存数据——保存当前实验采集的数据；保存图片——保存当前显示的图片；打印——打印当前的图片、相关数据及系统的一些参数；另存为——同保存数据；退出——退出系统。

　　（2）串口设置：如果计算串口选择的是端口 2，需要在串口设置中选择 COM2（默认COM1）。

　　（3）模拟数据：显示出厂设置中的保存的模拟数据及图形。

　　（4）螺栓实验：包括标准参数设置，相对刚度测量及动载荷实验。

　　（5）初始设置：包括校零，标定，恢复出厂设置。

　　1）校零：当用户第一次使用此设备或反复做本实验时需要校零，如图 10-14 所示。

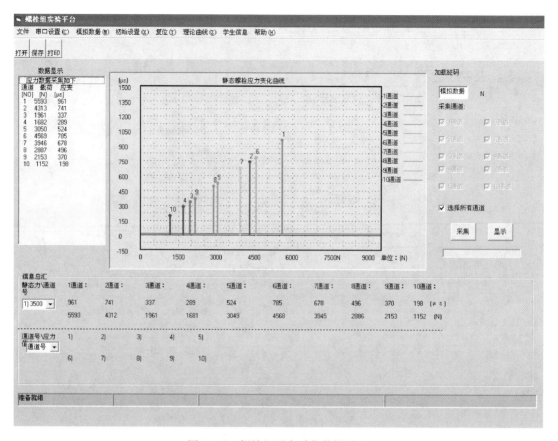

图 10-12　螺栓组平台采集数据界面

校零前需先卸载单螺栓及吊耳支撑螺杆，即松开实验台中调整螺母 1 和紧固螺母 6（见图 10-4），点击"确定"，系统会自动进行校零，校零完毕后按"退出"即结束校零。

2）标定：当设备长期使用或其他原因造成实验数据严重不准确时，用户可自行标定系统参数（单螺栓及吊耳的标定系数）。

B　实验操作方法及步骤

点击单螺栓实验主界面工具栏中螺栓实验，单螺栓实验包括：标准参数设置，相对刚度测量及动载荷实验。

（1）标准参数设置。如图 10-15 所示为螺栓标准参数计算公式图，如果更换设置中相应的器件，需修改其中的参数（一般不建议修改）。

（2）相对刚度测量。测量垫片的刚度，实验步骤如图 10-16 所示。

1）点击安装垫片键，选择安装的垫片类型，并点击确定。按提示卸载单螺栓及吊耳螺栓杆并安装好所选择的垫片（见图 10-4，即松开螺母 1 及紧固螺母 6）。

2）点击螺栓校零，在螺栓及吊耳都未加载力前校零。

3）点击螺栓预紧力加载，如图 10-17 所示。

点击开始，系统会采集螺栓受力数据，这时用户可通过调节紧固螺母 6 对螺栓加载外力，并根据采集的应变数据值来判断所加载的力是否已经满足条件，当应变数据达到

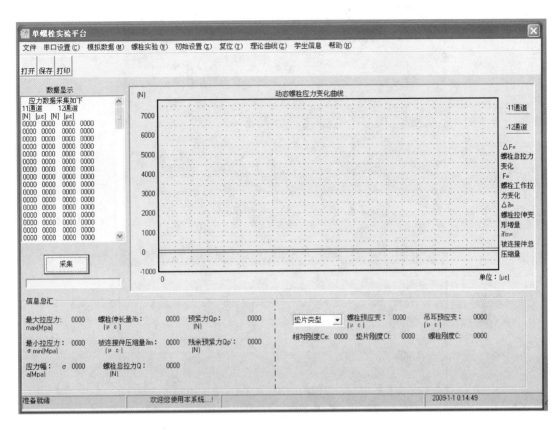

图 10-13　单螺栓界面

图 10-14　单螺栓校零程序

$500\mu\varepsilon$ 左右时点击确定表示加载完毕，系统自动保存数据退出，用户可以进入下一步操作。

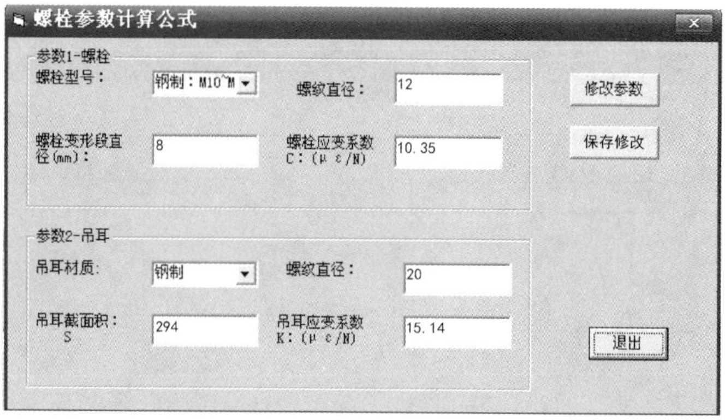

图 10-15　螺栓参数计算公式

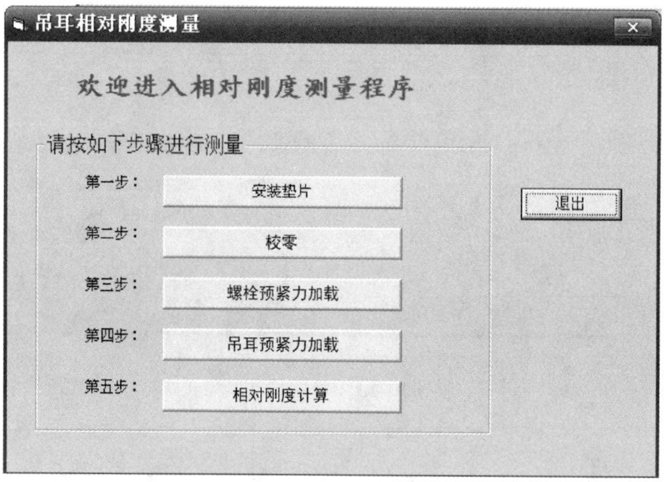

图 10-16　相对刚度测量

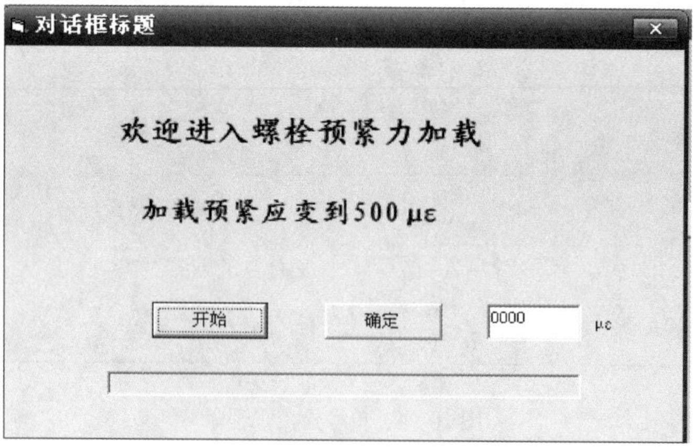

图 10-17　预紧力加载

4）点击吊耳校零，在卸载吊耳支撑螺杆状态下，按确定键，校零结束后退出。

5）点击吊耳预紧力加载，如图 10-18 所示。

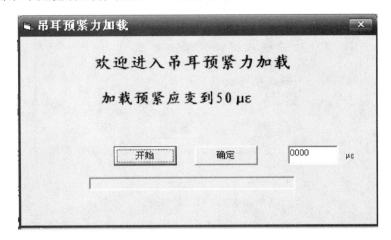

图 10-18　吊耳预紧力加载

点击开始，这时用户可通过旋转吊耳调整螺母 1（见图 10-4）对吊耳加载到提示值，按确定结束预紧力加载。

6）点击相对刚度计算，如图 10-19 所示。

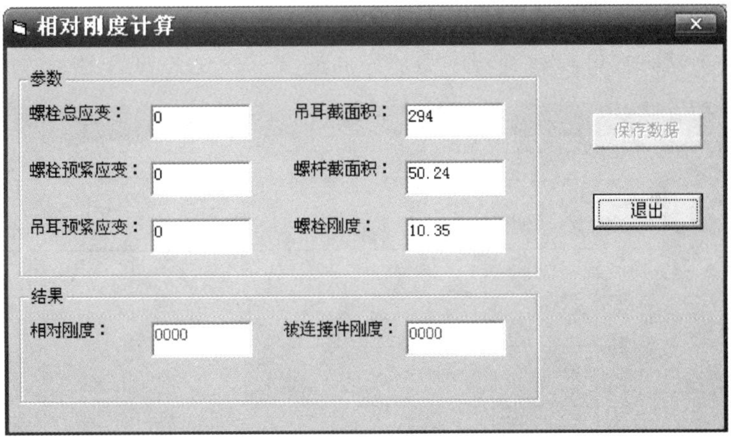

图 10-19　相对刚度计算

此操作会根据所采集的数据计算出相对刚度和被连接件刚度（垫片），用户可对计算的数据保存，如不保存直接按退出。

（3）动载荷实验：包括校零、加载螺栓预紧力及数据采集。如图 10-4 所示，首先旋转调节丝杠 12 摇手，移动小溜板至最外侧位置，并将加载偏心轮 10 转到最低点位置。

1）校零：点击单螺栓实验台主界面工具栏中初始设置，操作方法见"初始设置"中的校零。

2）加载螺栓预紧力：打开单螺栓实验台主界面工具栏中"螺栓实验"点击动载荷实验中加载螺栓预紧力，如图 10-20 所示。

点击开始，系统会采集螺栓受力数据，这时用户可以对螺栓加载外力，用户应慢慢拧

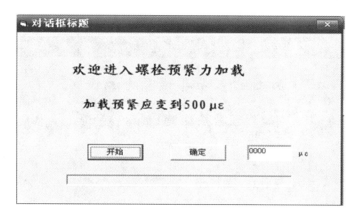

图 10-20　预紧力加载

紧紧固螺母 6（见图 10-4），对螺栓加载预紧外力，并根据采集的数据所显示的应变值来判断所加载的力是否已经满足条件（也可以通过看程序图形显示的变化），点击确定表示加载预紧力完毕，系统自动保存数据退出，用户可以进入下一步操作。

　　（4）数据采集。点击动载荷实验中"启动"（启动功能与程序主界面的采集功能相同，用户也可按采集按钮），系统开始采集数据。这时请开启电机，旋动调整螺母 1（见图 10-4），对吊耳慢慢地加载外力，即工作载荷（注：在开启电机前吊耳调整螺母 1 应是保持松弛状态），这时你可以看到程序图形界面的波形变化，如图 10-21 所示。旋转调整

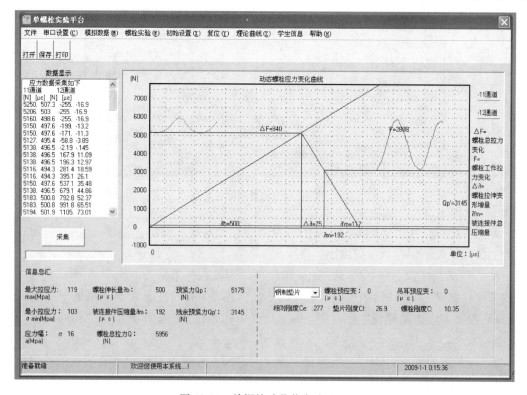

图 10-21　单螺栓动载荷实验界面

螺母 1 的松紧程度（即工作载荷大小）用户可根据具体实验要求选择合适值。旋转调节丝杠 12 摇手移动小溜板位置，可微调螺栓动载荷变化。

注：启动前请先在主界面正中下选择当前设备使用的垫片类型。

10.4　思　考　题

（1）翻转中心不在 3 号、8 号位置，说明什么问题?

（2）被连接件刚度与螺栓刚度的大小对螺栓的动态应力分布有何影响?

（3）理论计算和实验所得结果之间的误差，是由哪些原因引起的?

10.5　螺栓组连接实验报告

班级_____姓名_____同组者_____日期_____成绩_____

一、实验目的

二、实验原理

三、实验步骤

四、实验数据

1. 螺栓组实验。将计算结果和实验结果分别填入表 10-1 和表 10-2 中。

表 10-1　计算法测定螺栓上的力

螺栓号	1	2	3	4	5	6	7	8	9	10
螺栓工作拉力 F_0										

表 10-2　实验法测定螺栓上的力

螺栓号		1	2	3	4	5	6	7	8	9	10
螺栓总应变量	第一次测量										
	第二次测量										
	平均数										
由换算得到的工作拉力 F_i											

在图 10-22 中绘制实测螺栓应力分布图。

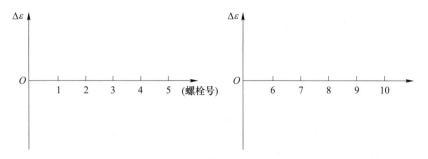

图 10-22　实测螺栓应力分布

2. 单个螺栓实验。请将表 10-3 补充完整。

$\varepsilon_1 =$　　　　　　　　　　　　　　　ε（吊耳）$=$

表 10-3　单个螺栓相对刚度

垫片材料	钢片	环氧片	$C_e = \dfrac{\varepsilon_0 - \varepsilon_i}{\varepsilon} \times \dfrac{A'}{A}$
ε_e			
相对刚度 C_e			

注：A—吊耳上测应变片的截面面积，mm^2，$A = 2b\delta$；b—吊耳截面宽度，mm；δ—吊耳截面厚度，mm；A'—实验螺栓测应变截面面积，mm^2，$A' = \pi d^2/4$；d—螺栓直径，mm。

五、回答思考题

1. 翻转中心不在 3 号、8 号位置，说明什么问题？

2. 被连接件刚度与螺栓刚度的大小对螺栓的动态应力分布有何影响？

3. 理论计算和实验所得结果之间的误差，是由哪些原因引起的？

六、心得体会

11 带传动实验

11.1 实 验 目 的

（1）了解带传动的基本原理，并观察、分析有关带的弹性滑动和打滑等重要物理现象。

（2）了解带传动实验台结构原理及其扭矩、转速的测试方法。

（3）掌握带传动中的弹性滑动与打滑现象及其与承载力的关系。

11.2 实 验 系 统

11.2.1 实验系统的组成

如图 11-1 所示，实验系统主要包括如下部分：（1）带传动机构；（2）主、从动轮转矩传感器；（3）主、从动轮转速传感器；（4）电测箱（与带传动机构为一个整体）；（5）个人电脑；（6）打印机。

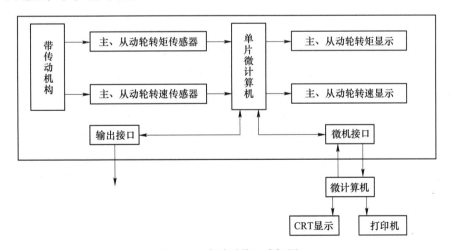

图 11-1 实验系统组成框图

11.2.2 实验机构结构特点

11.2.2.1 机械结构

图 11-2 所示为带传动实验台外观。

图 11-2　带传动实验台外观

　　本实验台机械部分，主要由两台直流电机组成，如图 11-3 所示。其中一台作为原动机，另一台则作为负载的发电机。对原动机，由可控硅整流装置供给电动机电枢以不同的端电压，实现无级调速；对发电机，每按一下"加载"按键，即并联上一个负载电阻，使发电机负载逐步增加，电枢电流增大，随之电磁转矩也增大，即发电机的负载转矩增大，实现了负载的改变。

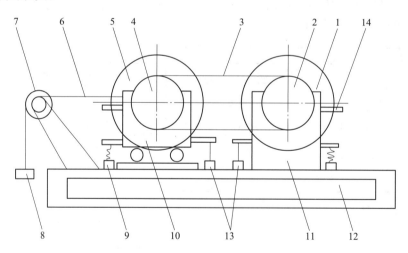

图 11-3　实验台机械结构

1—从动直流发电机；2—从动带轮；3—传动带；4—主动带轮；
5—主动直流电动机；6—牵引绳；7—滑轮；8—砝码；9—拉簧；10—浮动支座；11—固定支座；
12—底座；13—拉力传感器；14—标定杆

　　两台电机均为悬挂支承，当传递载荷时，作用于电机定子上的力矩 T_1（主动电机力矩）、T_2（从动电机力柜）迫使拉钩作用于拉力传感器，传感器输出的电信号正比于 T_1、T_2 的原始信号。

　　原动机的机座设计成浮动结构（滚动滑槽），与牵引钢丝绳、定滑轮、砝码一起组成带传动预拉力形成机构，改变砝码大小，即可准确地预定带传动的预拉力 F_0。

　　两台电机的转速传感器（红外光电传感器）分别安装在带轮背后的环形槽（本图未表示）中，由此可获得必需的转速信号。

11.2.2.2　电测系统

　　电测系统装在实验台电测箱内，如图 11-4 所示。附设单片机，承担数据采集、数据处理、信息记忆、自动显示等功能。能实时显示带传动过程中主动轮转速、转矩和从动轮的转速、转矩值。如通过微机接口外接 PC 机，这时就可自动显示并能打印输出带传动的滑动曲线 $\varepsilon\text{-}T_2$ 及传动效率曲线 $\eta\text{-}T_2$ 及相关数据。

　　电测箱操作部分主要集中在箱体正面的面板上，面板的布置如图 11-4 所示。

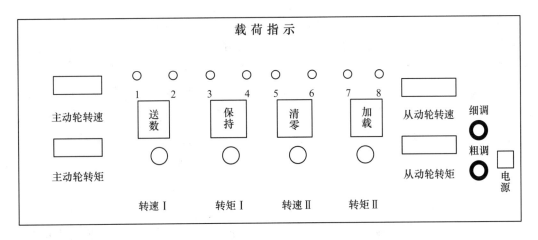

图 11-4　智能带传动实验台面板

　　在电测箱背面备有微机 RS-232 接口、主、被动轮转矩放大、调零旋钮等，其布置情况如图 11-5 所示。

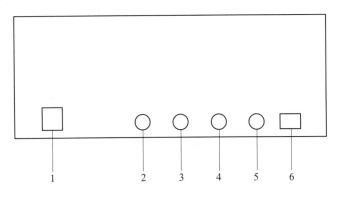

图 11-5　智能带传动实验台背面

1—电源插座；2—被动力矩放大倍数调节；3—主动力矩放大倍数调节；

4—被动力矩调零；5—主动力矩调零；6—RS-232 接口

11.3 实验操作步骤

11.3.1 人工记录操作方法

11.3.1.1 设置预拉力

不同型号传动带需在不同预拉力 F_0 的条件下进行实验，也可对同一型号传动带，采用不同的预拉力，实验不同预拉力对传动性能的影响。为了改变预拉力 F_0，如图 11-3 所示，只需改变砝码 8 的大小。

11.3.1.2 接通电源

在接通电源前首先将电机调速旋钮粗调电位器逆时针转到底，使开关"断开"，细调电位器旋钮逆时针旋到底，按电源开关接通电源，按一下"清零"键，此时主、被动电机转速显示为"0"，力矩显示为"."，实验系统处于"自动校零"状态。校零结束后，力矩显示为"0"。再将粗调调速旋钮顺时针旋转接通"开关"并慢慢向高速方向旋转，电机启动，逐渐增速，同时观察实验台面板上主动轮转速显示屏上的转速数，其上的数字即为当时的电机转速。当主电机转速达到预定转速（本实验建议预定转速为 1200~1300r/min 左右）时，停止转速调节。此时从动电机转速也将稳定地显示在显示屏上。

11.3.1.3 加载

在空载时，记录主、被动轮转矩与转速。按"加载"键一次，第一个加载指示灯亮，调整主动电机转速（此时，只需使用细调电位器进行转速调节），使其仍保持在预定工作转速内，待显示基本稳定（一般 LED 显示器跳动 2~3 次即可达到稳定值）记下主、从动轮的转矩及转速值。

再按"加载"键一次，第二个加载指示灯亮，再调整主动转速（用细调电位器），仍保持预定转速，待显示稳定后再次记下主、从动轮的转矩及转速。

第三次按"加载"键，第三个加载指示灯亮，同前次操作记录下主、从动轮的转矩、转速。

重复上述操作，直至 7 个加载指示灯亮，记录下八组数据。根据这八组数据便可作出带传动滑动曲线 ε-T_2 及效率曲线 η-T_2。

在记录下各组数据后应先将电机粗调调速旋钮逆时针转至"关断"状态，然后将细调电位器逆时针转到底，再按"清零"键。显示指示灯全部熄灭，机构处于关断状态，等待下次实验或关闭电源。

为便于记录数据，在实验台的面板上还设置了"保持"键，每次加载数据基本稳定后，按"保持"键即可使转矩、转速稳定在当时的显示值不变。按任意键，可脱离"保持"状态。

11.3.2　计算机自动测量操作方法

11.3.2.1　连接 RS-232 通信线

在 DCS-Ⅱ型带传动实验台后板上设有 RS-232 串行接口，可通过所附的通信线直接和计算机相连，组成带传动实验系统。将随机携带的通信线一端接到实验机构 RS-232 插座，另一端接到计算机串行输出口（串行口 1 号或串行口 2 号均可，但无论连线或拆线，都应先关闭计算机和实验机构电源，以免烧坏接口元件）。

11.3.2.2　启动机械教学综合实验系统

打开计算机，启动机械教学综合实验系统软件，首先在串口选择框中选择相应串口号（COM1 或 COM2），点击"重新配置"键，选该通道口的应用程序为带传动实验，配置结束后，在主界面左边的实验项目框中，点击该通道"带传动"键，如图 11-6 所示。点击图 11-6 中间的图像，将出现如图 11-7 的带传动实验系统界面。点击"串口选择键"正确选择（COM1 或 COM2），然后再点击"数据采集"菜单，等待数据输入。

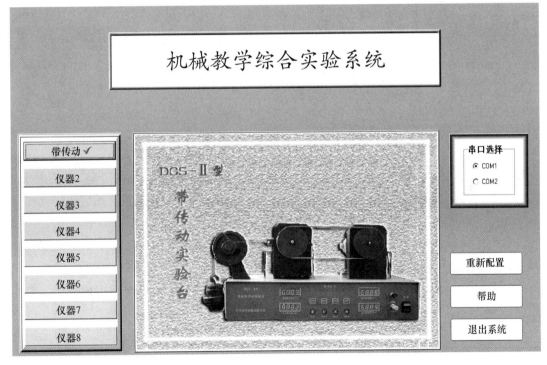

图 11-6　带传动实验系统初始界面

11.3.2.3　数据采集及分析

（1）将实验台粗调速电位器逆时针转到底，使开关断开，细调电位器也逆时针旋到底。打开实验机构电源，按"清零"键，几秒钟后，数码管显示"0"，自动校零完成。

（2）顺时针转动粗调电位器，开关接通并使主动轮转速稳定在工作转速（一般取 1200~1300r/min），按下"加载"键再调整主动转速（用细调电位器），使其仍保持在工

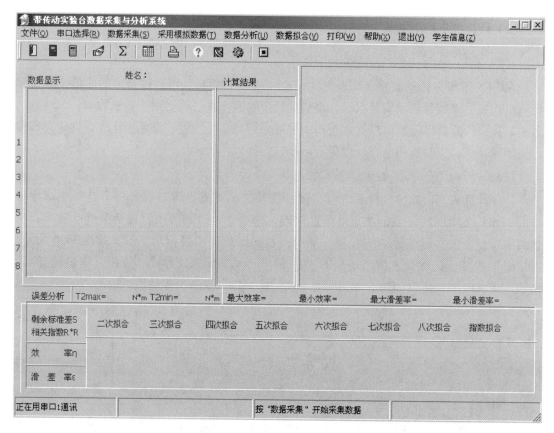

图 11-7　带传动实验台主窗体

作转速范围内，待转速稳定（一般需 2~3 个显示周期）后，再按"加载"键，以此往复，直至实验机构面板上的 8 个发光管指示灯全亮为止。此时，实验台面板上四组数码管将全部显示"8888"，表明所采数据已全部送至计算机。

（3）当实验机构全部显示"8888"时，计算机屏幕将显示所采集的全部 8 组主、从动轮的转速和转矩。此时应将电机粗、细调速电位器逆时针转到底，使"开关"断开。

（4）移动鼠标，选择"数据分析"功能，屏幕将显示本次实验的曲线和数据。如图 11-8 所示。

（5）如果在此次采集过程中采集的数据有问题，或者采不到数据，请点击串口选择下拉菜单，选择较高级的机型，或者选择另一端口。

（6）移动鼠标至"打印"功能，打印机将打印实验曲线和数据。

（7）实验过程中如需调出本次数据，只需将鼠标点击"数据采集"功能，同时，按下实验机构的"送数"键，数据即被送至计算机，可用上述（4）~（6）项操作进行显示和打印。

（8）一次实验结束后如需继续实验，应"关断"粗调速电位器，将细调电位器逆时针旋到底，并按下实验机构的"清零"键，进行"自动校零"。同时将计算机屏幕中的"数据采集"菜单选中，重复上述第（2）~（6）项即可。

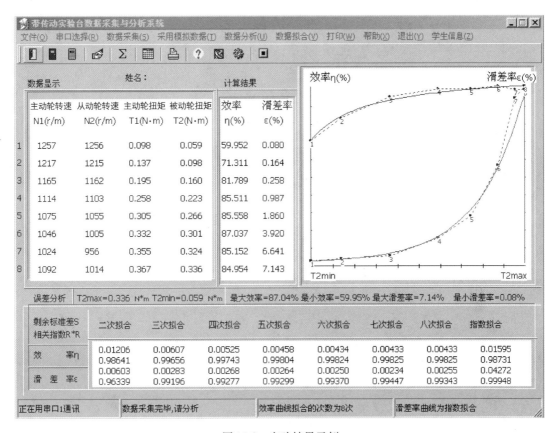

图 11-8　实验结果示例

（9）实验结束后，将实验台电机调速电位器开关关断，关闭实验机构的电源，用鼠标点击"退出"。

11.4　主要技术参数

（1）直流电机功率：2 台×50W；

（2）主动电机调速范围：0~1800r/min；

（3）额定转矩：$T = 0.24$N·m；

（4）实验台尺寸：长×宽×高 = 600mm×280mm×300mm；

（5）电源：220V 交流电。

11.5　实验注意事项

（1）必须按操作规程操作实验机，实验中注意不要靠近、手摸传动皮带，避免发生安全事故。

（2）实验中皮带停滑状态不要维持过久，否则，会使皮带过热，失去原有状态，也不利于使用寿命。

11.6　思　考　题

（1）带传动的弹性滑动和打滑现象有何区别？它们产生的原因是什么？
（2）分析初拉力的变化对带传动的影响。

视频教学

11.7　带传动实验报告

班级_____姓名_____同组者_____日期_____成绩_____

一、实验目的

二、实验原理

三、实验步骤

四、实验数据记录

　　1. 计算公式。

　　　　传动效率：$\eta = \dfrac{P_2}{P_1} = \dfrac{T_2 n_2}{T_1 n_1}$

　　　　滑差率：$\varepsilon = \dfrac{n_2' - n_2}{n_2'} = \dfrac{n_1 - n_2}{n_1}$

　　2. 实验数据（测两组，分别填在表 11-1 和表 11-2 中）。

表 11-1　带传动实验数据（一）

参　　数	初拉力 $F_0 =$			(N)			
主动轮转速 $n_1/\text{r} \cdot \text{min}^{-1}$							
从动轮转速 $n_2/\text{r} \cdot \text{min}^{-1}$							
主动轮扭矩 $T_1/\text{N} \cdot \text{m}$							
从动轮扭矩 $T_2/\text{N} \cdot \text{m}$							
滑动系数 $\varepsilon/\%$							
传动效率 η							

表 11-2　带传动实验数据（二）

参　　数	初拉力 $F_0 =$			(N)			
主动轮转速 $n_1/\text{r} \cdot \text{min}^{-1}$							
从动轮转速 $n_2/\text{r} \cdot \text{min}^{-1}$							
主动轮扭矩 $T_1/\text{N} \cdot \text{m}$							
从动轮扭矩 $T_2/\text{N} \cdot \text{m}$							
滑动系数 $\varepsilon/\%$							
传动效率 η							

五、实验结果的计算及曲线

$\eta - T_2$

$\varepsilon - T_2$

六、实验结果中对某些现象进行分析

七、回答思考题

1. 带传动的弹性滑动和打滑现象有何区别？它们产生的原因是什么？

2. 分析初拉力的变化对带传动的影响。

八、心得体会

12 齿轮传动效率实验

12.1 实 验 目 的

（1）了解封闭功率流式齿轮实验台的基本原理、结构及其优点。

（2）掌握齿轮传动效率的测试方法，加深对齿轮传动效率的认识。

（3）通过改变载荷，测出不同载荷下的传动效率和功率。输出 T_1-T_9 关系曲线及 η-T_9 曲线。其中 T_1 为轮系输入扭矩（即电机输出扭矩），T_9 为封闭扭矩（也即载荷扭矩），η 为齿轮传动效率。

12.2 实 验 原 理

齿轮实验台为小型台式封闭功率流式齿轮实验台，采用悬挂式齿轮箱不停机加载方式，加载方便、操作简单安全、耗能少。在数据处理方面，既可直接用抄录数据手工计算方法，也可以和计算机接口组成具有数据采集处理、结果曲线显示、信息储存、打印输出等多种功能的自动化处理系统。该系统具有重量轻、机电一体化相结合等特点。

12.2.1 实验系统组成

实验系统框图如图 12-1 所示。

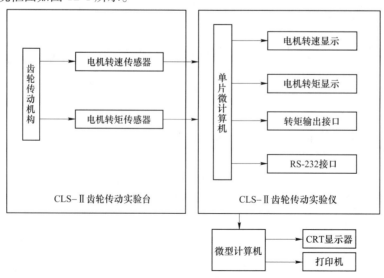

图 12-1 实验系统框图

12.2.2　实验台结构

图 12-2 所示为齿轮传动效率实验台外观。

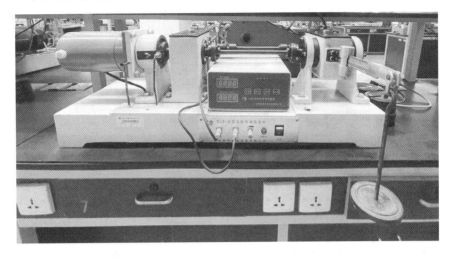

图 12-2　齿轮传动效率实验台外观

实验台的结构简图如图 12-3 所示，由定轴齿轮副、悬挂齿轮箱、扭力轴、双万向联轴器等组成一个封闭机械系统。

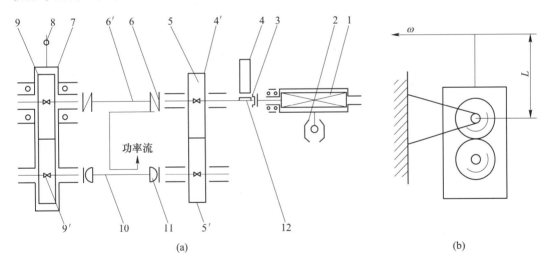

(a)　　　　　　　　　　　　　　(b)

图 12-3　齿轮实验台结构简图

1—电动机；2—转矩传感器；3—浮动联轴器；4—霍耳传感器；4′—定轴齿轮箱；
5—定轴齿轮副；5′—从动齿轮；6—刚性联轴器；6′—弹性扭力轴；7—悬挂齿轮箱；
8—砝码；9—悬挂齿轮副；9′—从动齿轮；10—万向节轴；11—万向联轴器；12—永久磁钢

封闭齿轮实验机具有 2 个完全相同的齿轮箱（悬挂齿轮箱 7 和定轴齿轮箱 4′），每个齿轮箱内都有 2 个相同的齿轮相互啮合传动（齿轮 9 与 9′，齿轮 5 与 5′），两个实验齿轮箱之间由两根轴（一根是用于储能的弹性扭力轴 6′，另一根为万向节轴 10）相连，组成一个封闭的齿轮传动系统。当由电动机 1 驱动该传动系统运转起来后，电动机传递给系统的功率被封闭在齿轮传动系统内，即两对齿轮相互自相传动，此时若在动态下脱开电动机，如果不存在各种摩擦力（这是不可能的），且不考虑搅油及其他能量损失，该齿轮传动系统将成为永动系统；由于存在摩擦力及其他能量损耗，在系统运转起来后，为使系统连续运转下去，由电动机继续提供系统能耗损失的能量，此时电动机输出的功率仅为系统传动功率的 20% 左右。对于实验时间较长的情况，封闭式实验机是有利于节能的。

电机采用外壳悬挂结构，通过浮动联轴器和齿轮相连，与电机悬臂相连的转矩传感器把电机转矩信号送入实验台电测箱，在数码显示器上直接读出。电机转速由霍耳传感器 4 测出，同时送往电测箱中显示。

12.2.3　封闭功率流方向

图 12-4 所示为封闭功率流方向。封闭系统内功率流的方向取决于由外加力矩决定的齿轮啮合齿面间作用力的方向和由电动机转向决定的各齿轮的转向；当一个齿轮所受到的齿面作用力与其转向相反时，该齿轮为主动齿轮；而当齿轮所受到的齿面作用力与其转向相同时，则该齿轮为从动齿轮；功率流的方向从主动齿轮流向从动齿轮，并封闭成环。

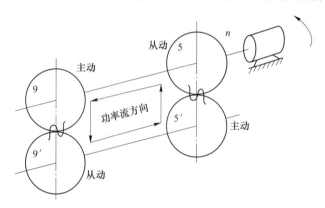

图 12-4　封闭功率流方向

12.2.4　效率计算

12.2.4.1　封闭功率流方向的确定

由图 12-3（b）可知，实验台空载时，悬臂齿轮箱的杠杆通常处于水平位置，当加上一定载荷之后（通常加载砝码为 0.5kg 以上），悬臂齿轮箱会产生一定角度的翻转。这时扭力轴将有一力矩 T_9 作用于齿轮 9（其方向为顺时针），万向节轴也有一力矩 $T_{9'}$ 用于齿轮 9′（其方向也顺时针，如忽略摩擦，$T_{9'} = T_9$）。当电机顺时针方向以角速度 ω 转动时，T_9 与 ω 的方向相同，$T_{9'}$ 与 ω 方向相反，故这时齿轮 9 为主动轮，齿轮 9′ 为从动轮；同理齿轮 5 为主动轮，齿轮 5′ 为从动轮，封闭功率流方向如图 12-4 所示，其大小为：

$$P_a = \frac{T_{9'} N_9}{9550} = P_{9'}$$

该功率流的大小决定于加载力矩和扭力轴的转速，而不是决定于电动机。电动机提供的功率仅为封闭传动中损耗功率，即：$P_1 = P_9 - P_9 \cdot \eta_{\text{总}}$。

故

$$\eta_{\text{总}} = \frac{P_9 - P_1}{P_9} = \frac{T_9 - T_1}{T_9}$$

单对齿轮

$$\eta = \sqrt{\frac{T_9 - T_1}{T_9}}$$

η 为总效率，若 $\eta = 95\%$，则电动机供给的能量，其值约为封闭功率值的 $1/10$，是一种节能高效的实验方法。

12.2.4.2　封闭力矩 T_9 的确定

由图 10-3（b）可以看出，当悬挂齿轮箱杠杆加上载荷后，齿轮 9 、齿轮 9′ 就会产生扭矩，其方向都是顺时针，对齿轮 9′ 中心取矩，得到封闭扭矩 T_9（本实验台 T_9 是所加载荷产生扭矩的一半），即：

$$T_9 = \frac{WL}{2}$$

式中　W——所加砝码重力，N；

　　　L——加载杠杆长度，$L = 0.3\text{m}$。

平均效率为（本实验台电机为顺时针）：

$$\eta = \sqrt{\eta_{\text{总}}} = \sqrt{\frac{T_9 - T_1}{T_9}} = \sqrt{\frac{\dfrac{W}{2} - T_1}{\dfrac{W}{2}}}$$

式中　T_1——电动机输出转矩（电测箱输出转矩显示值）。

12.2.5　齿轮传动实验仪

实验仪正面面板布置及背面板布置如图 12-5、图 12-6 所示。实验仪内部系统框图参见图 12-1。

如图 12-5 和图 12-6 所示，实验仪操作部分主要集中在仪器正面的面板上。在实验仪的背面备有微机 RS-232 接口，转矩、转速输入接口等。

实验仪箱体内附设有单片机，承担检测、数据处理、信息记忆、自动数字显示及传送等功能。若通过串行接口与计算机相连，就可由计算机对所采集数据进行自动分析处理、并能显示及打印齿轮传递效率 η-T_9 曲线及 T_1-T_9 曲线和全部相关数据。

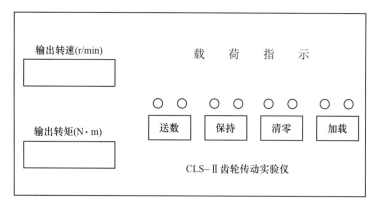

图 12-5　面板布置图

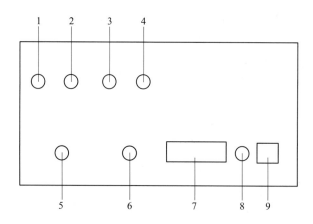

图 12-6　电测箱后板布置图

1—调零电位器；2—转矩放大倍数电位器；3—力矩输出接口；4—接地端子；5—转速输入接口；
6—转矩输入接口；7—RS-232 接口；8—电源开关；9—电源插座

12.3　实验操作步骤

12.3.1　人工记录操作方法

（1）系统连接及接通电源。齿轮实验台在接通电源前，应首先将电机调速旋钮逆时针转至最低速"0 速"位置，然后按电源开关接通电源。打开实验仪后板上的电源开关，并按一下"清零"键，此时，输出转速显示为"0"，输出转矩显示数"."，实验系统处于"自动校零"状态。校零结束后，转矩显示为"0"。

（2）加载。为保证加载过程中机构运转比较平稳，建议先将电机转速调低。一般实验转速调到 300～800r/min 为宜。待实验台处于稳定空载运转后（若有较大振动，要按一下加载砝码吊篮或适当调节一下电机转速），在砝码吊篮上加上第一个砝码。观察输出转速及转矩值，待显示稳定（一般加载后转矩显示值跳动 2～3 次即可达稳定值）后，按一下

"保持"键，使当时的转速及转矩值稳定不变，记录下该组数值，然后按一下"加载"键，第一个加载指示灯亮，并脱离"保持"状态，表示第一点加载结束。

在吊篮上加上第二个砝码，重复上述操作，直至加上8个砝码，8个加载指示灯亮，转速及转矩显示器分别显示"8888"表示实验结束。

根据所记录下的8组数据便可作出齿轮传动的传动效率 η-T_9 曲线及 T_1-T_9 曲线。

注意：加载过程中，应始终使电机转速基本保持在预定转速左右。

在记录下各组数据后，应先将电机调速至零，然后再关闭实验台电源。

12.3.2 与计算机接口实验方法

在 CLS-E 型齿轮传动实验台电控箱后板上设有 RS-232 接口，通过所附的通信连接线和计算机相连，组成智能齿轮传动实验系统，操作步骤如下。

（1）系统连接及接通电源。在关电源的状态下将随机携带的串行通信连接线的一端接到实验台电测箱的 RS-232 接口，另一端接入计算机串行输出口（串行口1号或2号均可，但无论连线或拆线时，都应先关闭计算机和电测箱电源，否则易烧坏接口元件），其余方法同前。

（2）打开计算机。打开计算机运行齿轮实验系统，首先对串口进行选择，如有必要，在串口选择下拉菜单中有一栏机型选择，选择相应的机型，然后点击数据采集功能，等待数据的输入。

（3）加载。同样，加载前就先将电机调速至 300~800r/mim，并在加载过程中应始终使电机转速基本保持在预定值。

1）实验台处于稳定空载状态下，加上第一个砝码，待转速及转矩显示稳定后，按一下"加载"键（注：不需按"保持键"），第一个加载指示灯亮。加第二个砝码，显示稳定后再按一下"加载"键，第二个加载指示灯亮，第二次加载结束。如此重复操作，直至加上8个砝码，按8次"加载"键，8个加载指示灯亮。转速、转矩显示器都显示"8888"表明所采数据已全部送到计算机。将电机调速至"0"卸下所有砝码。

2）当确认传送数据无误（否则再按一下"送数"键）后，用鼠标选择"数据分析"功能，屏幕所显示本次实验的曲线和数据。接下来就可以进行数据拟合等一系列的工作了。如果在采集数据过程中，出现采不到数据的现象，请检查串口选择是否正确，串口连接是否可靠，然后重新采集。

3）实验结束后，用鼠标点击"退出"菜单，即可退出齿轮实验系统。退出后应及时关闭计算机及实验台电测箱电源。

注意：如需拆、装 RS-232 串行通信线，必须将计算机及实验台的电源关断。

视频教学

12.4 齿轮传动效率实验报告

班级_____ 姓名_____ 同组者_____ 日期_____ 成绩_____

一、实验目的

二、实验原理

三、实验步骤

四、实验数据记录

    1. 计算公式。

        封闭功率：$P_9 = \dfrac{T_9 N_9}{9550}$

        电机输出功率：$P_1 = P_9 - P_9 \eta_\text{总}$

        总效率：$\eta_\text{总} = \dfrac{P_9 - P_1}{P_9} = \dfrac{T_9 - T_1}{T_9}$

        效率：$\eta = \sqrt{\dfrac{T_9 - T_1}{T_9}}$

        封闭扭矩：$T_9 = \dfrac{WL}{2}$

    2. 实验数据。

将实验得到的实验数据填入表 12-1 中。

表 12-1　齿轮传动效率实验数据

序号	加 载		转 速	电机输出扭矩	效率
	W/N	$T_9/\text{N} \cdot \text{m}$	$n_9/\text{r} \cdot \text{min}^{-1}$	$T_1/\text{N} \cdot \text{m}$	η
1					
2					
3					
4					

序号	加　载		转　速	电机输出扭矩	效率
	W/N	$T_9/N \cdot m$	$n_9/r \cdot min^{-1}$	$T_1/N \cdot m$	η
5					
6					
7					
8					

五、实验结果的计算及曲线

六、实验结果中对某些现象进行分析

七、回答思考题

1. 封闭式传动系统为什么能够节能？

2. 封闭齿轮传动如何区分主动齿轮与被动齿轮？

3. 闭式齿轮传动的效率测试与开式的有什么不同？

4. 叙述闭式齿轮传动的效率测试的原理。

八、心得体会

13 液体动压轴承实验

13.1 实 验 目 的

（1）了解实验台的构造和工作原理，通过实验进一步了解滑动轴承的动压油膜形成过程与现象，加深对动压原理的认识。

（2）学习动压轴承油膜压力分布的测定方法，绘制油膜压力径向和轴向分布图，验证理论分布曲线。

（3）掌握动压轴承摩擦特征曲线的测定方法，绘制 f-n 曲线，加深对润滑状态与各参数间关系的理解。

13.2 实验原理及装置

13.2.1 实验原理

液体动压滑动轴承的工作原理是通过轴颈的旋转将润滑油带入摩擦表面，由于油的黏性（黏度）作用，当达到足够高的旋转速度时油就被挤入轴与轴瓦配合面间的楔形间隙内而形成流体动压效应，在承载区内的油层中产生压力。当压力的大小能平衡外载荷时，轴与轴瓦之间形成了稳定的油膜，这时轴的中心对轴瓦中心处于偏心位置，轴与轴瓦间的摩擦是处于完全液体摩擦润滑状态，其油膜形成过程及油膜压力分布如图 13-1 所示。

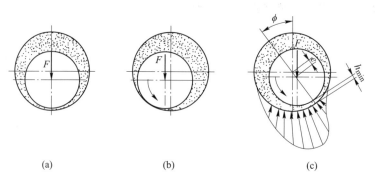

(a)   (b)   (c)

图 13-1 建立液体动压润滑的过程及油膜压力分布图

（a）静止时 $n=0$；（b）启动时；（c）形成油膜及油膜压力分布

13.2.2　实验装置

13.2.2.1　实验系统组成

轴承实验系统框图如图 13-2 所示，它由以下设备组成。

（1）ZCS-I 液体动压轴承实验台即轴承实验台的机械结构。

（2）油压表共 7 个，用于测量轴瓦上径向油膜压力分布值。

（3）工作载荷传感器为应变力传感器，测量外加载荷值。

（4）摩擦力矩传感器为应变力传感器，测量在油膜黏力作用下轴与轴瓦间产生的摩擦力矩。

（5）转速传感器为霍耳磁电式传感器，测量主轴转速。

（6）XC-I 液体动压轴承实验仪，即以单片微机为主体，完成对工作载荷传感器、摩擦力矩传感器及转速传感器信号采集和处理，并将处理结果由 LED 数码管显示出来。

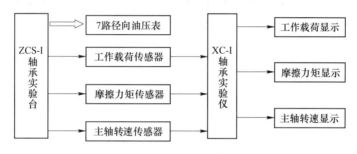

图 13-2　滑动轴承实验系统框图

13.2.2.2　实验台结构及工作原理

A　结构特点

图 13-3 所示为液体动压轴承实验台外观。

动压轴承实验台结构简图如图 13-4 所示。该实验台主轴 7 由一对高精度的单列向心球轴承支承。直流电机 1 通过三角带 2 传动主轴 7，主轴顺时针转动。主轴上装有精密加工的主轴瓦 5 由装在底座上的无级调速器 11 实现主轴的无级变速，轴的转速由装在实验台上的霍耳转速传感器测出并显示。

主轴瓦 5 外圆被加载装置（未画）压住，旋转加载杆即可方便地对轴瓦加载，加载力大小由工作载荷传感器 6 测出，由测试仪面板上显示。

主轴瓦上还装有测力杆 L，在主轴回转过程中，主轴与主轴瓦之间的摩擦力矩由摩擦力矩传感器测出，并在测试仪面板上显示，由此算出摩擦系数。

主轴瓦前端装有 7 只测径向压力的油压表 4，油的进口在轴瓦的 1/2 处。由油压表可读出轴与轴瓦之间径向平面内相应点的油膜压力，由此可绘制出径向油膜压力分布曲线。

B　主要技术参数

动压轴承实验台的主要技术参数有：（1）轴瓦内直径：$d = 70\text{mm}$；（2）有效长度：$B = 125\text{mm}$；（3）加载范围：$W = 0 \sim 2000\text{N}$；（4）油压表：精度 2.5 级，量程 0 ~

图 13-3   液体动压轴承实验台外观

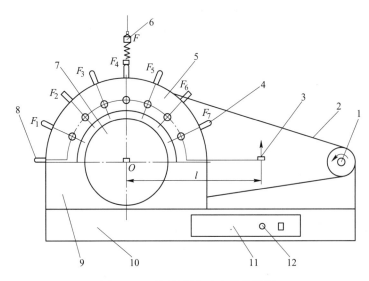

图 13-4   动压轴承实验台结构简图

1—直流电机；2—三角带；3—摩擦力矩传感器；4—油压表；5—主轴瓦；6—工作载荷传感器；

7—主轴；8—卸油口；9—油槽；10—底座；11—无级调速器；12—开关

1MPa；（5）测力杆测力点与轴承中心距：$L=120$mm；（6）电机功率：400W；（7）调速范围：0~500r/min；（8）实验台尺寸：$L\times B\times H=600$mm$\times$430mm$\times$500mm；（9）实验重量：65kg。

C   XC-I 液体动压轴承实验仪

图 13-5 所示为轴承实验仪正面图，实验仪操作部分主要集中在仪器正面的面板上，在实验仪的背面图有摩擦力矩输入接上，载荷力输入接口，转速传感器输入接口等，如图 13-6 所示。

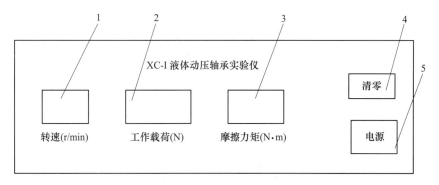

图 13-5 轴承实验仪正面图

1—转速显示；2—工作载荷显示；3—摩擦力矩显示；4—摩擦力矩清零；5—电源开关

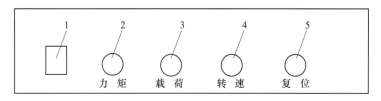

图 13-6 轴承实验仪背面图

1—电源座；2—摩擦力矩传感器输入接口；3—工作载荷传感器输入接口；

4—转速传感器输入接口；5—工作载荷传感器清零按钮

实验仪箱体内附设有单片机，承担检测、数据处理、信息记忆、自动数字显示及传递等功能。

13.3 实验操作步骤

13.3.1 测取绘制径向油膜压力分布曲线与承载曲线图

（1）系统连接及接通电源。轴承实验台在接通电源前，应先将电机调速旋钮逆时针转至最低速"0 速"位置。松开实验台上的螺旋加载杆，按实验台及实验仪的电源开关接通电源。

（2）载荷及摩擦力矩调零。保持电机不转，松开实验台上螺旋加载杆，在载荷传感器不受力的状态下按一下实验仪后板上的"复位"按钮 5。此时单片机采样载荷传感器，并将此值作为"零点"保存。实验台面板上工作载荷显示为"0"。

按一下实验仪面板上的"清零"键，可完成对摩擦力矩清零，此时实验仪面板上摩擦力矩显示窗口显示为"0"。

（3）记录各压力表压力值。

1）在松开螺旋加载杆的状态下，启动电机并慢慢将主轴转速调整到 200r/min 左右；

2）慢慢转动螺旋加载杆，同时观察实验仪面板上的工作载荷显示窗口，一般应加至

300N 左右;

    3）待各压力表的压力值稳定后，由左至右依次记录各压力表的压力值;

    4）将主轴转速调整到 300r/min 左右，工作载荷保持在 300N，再测一组。

（4）卸载、关机。

（5）绘制径向油膜压力分布曲线与承载曲线。

根据测出的各压力值按一定比例绘制出油压分布曲线与承载曲线，要求绘制在坐标纸上，如图 13-7 所示。此图的具体画法是：沿着圆周表面从左到右画出角度分别为 30°、50°、70°、90°、110°、130°、150°，分别得出油孔点 1、2、3、4、5、6、7 的位置。通过这些点与圆心 O 连线，在各连线的延长线上将压力表（比例：0.1MPa=5mm）测出的压力值画出压力线 1—1′，2—2′，3—3′，…，7—7′。将 1′、2′、3′、…，7′各点连成光滑曲线，此曲线就是所测轴承的一个径向截面的油膜径向压力分布曲线。

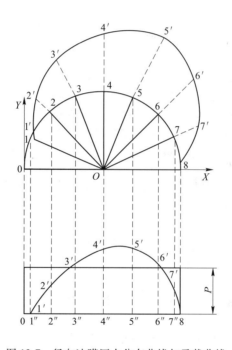

图 13-7　径向油膜压力分布曲线与承载曲线

再将半圆上油孔点 1、2、3、…、7 各点向 $O\text{-}X$ 轴投影，两端补上 0 和 8，分别为 0、1″、2″、…、7″、8，用上述相同的比例在 $O\text{-}X$ 轴垂直方向画出压力向量 1″—1′、2″—2′、…、7″—7′，将 0、1′、2′、…、7′、8 各点光滑连接起来，所形成的曲线即为在载荷方向的压力分布曲线。

用数格法计算出曲线所围的面积。以 0—8 线为底边作一矩形，使其面积与曲线所围面积相等。其高 P 即为轴瓦中间截面处的 Y 向平均压力。

将 P 乘以轴承长度和轴的直径，即可得到不考虑端泻的有限宽轴承的油膜承载能力。

13.3.2 测量摩擦系数 f 与绘制摩擦特性曲线

13.3.2.1 摩擦系数 f 测量

（1）启动电机，逐渐使电机升速，在转速达到 300r/min 时，旋动螺杆，逐渐加载到 300N，稳定转速后减速。

（2）依次记录转速 300～80r/min，每次下调转速 30r/min，测量 8 个数值，每次负载为 300N 时的摩擦力矩。

（3）卸载，减速，停机。

（4）根据记录的转速和摩擦力矩的值计算整理 f 值，按一定比例绘制摩擦特性曲线，径向滑动轴承的摩擦系数 f 随轴承的特性、系数 $\eta n/P$ 值而改变（η 为油的动力黏度；n 为轴的转速；p 为压力，$p = W/Bd$；W 为轴上的载荷；B 为轴瓦的宽度；d 为轴的直径；本实验台 $B = 125\text{mm}$，$d = 70\text{mm}$），如图 13-8 所示。

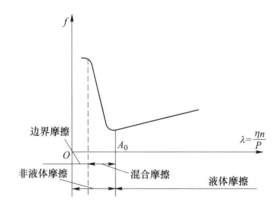

图 13-8 摩擦特性曲线

在边界摩擦时，f 随 $\eta n/p$ 的增大而变化很小（由于 n 值很小，建议用手慢慢转动轴），进入混合摩擦后 $\eta n/p$ 的改变引起 f 的急剧变化。在刚形成液体摩擦时 f 达到最小值，此后，随 $\eta n/p$ 的增大油膜厚度亦随之增大，因而 f 亦有所增大。

如图 13-9 所示，摩擦系数 f 之值可通过测量轴承的摩擦力矩而得到，轴转动时，轴对轴瓦产生周向摩擦力 F，其摩擦力矩为 $Fd/2$，它供主轴瓦 5 翻转，其翻转力矩通过固定在实验台底座的摩擦力矩传感器测出并经过以下计算就可得到摩擦系数 f 之值。

根据力矩平衡条件得：

$$Fd/2 = LQ$$

摩擦力之和为：

$$F = F_1 + F_2 + F_3 + F_4 + \cdots$$

Q 为作用在摩擦力矩传感器上的反作用力。设 L 为测力杆的长度（本实验台 $L = 120\text{mm}$）作用在轴上的外载荷 W，则：

$$f = \frac{F}{W} = \frac{2LQ}{Wd}$$

式中　　F——摩擦系数；

　　L，Q——由摩擦力矩传感器测得，并由实验仪读出；

　　　　W——工作载荷，由工作载荷传感器测得，并由实验仪读出；

　　　　d——主轴直径。

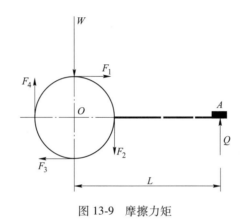

图 13-9　摩擦力矩

13.3.2.2　卸载、关机

待实验数据记录完毕后，先松开螺旋加载杆，并旋动调整电位器使电机转速为零，关闭实验台及实验仪电源。

13.4　注意事项

在开机做实验之前必须首先完成以下几点操作，否则容易影响设备的使用寿命和精度。

（1）在启动电机转动之前请确认载荷为空，即要求先启动电机再加载。

（2）在一次实验结束后马上又要重新开始实验时，请顺时针旋动轴瓦上端的螺钉，顶起轴瓦将油膜先放干净，同时在软件中要重新复位（这很重要!），这样确保下次实验数据准确。

（3）由于油膜形成需要一小段时间，所以在开机实验或在变化载荷或转速后请待其稳定后（一般等待 5~10s 即可）再采集数据。

（4）在长期使用过程中请确保实验油的足量、清洁，油量不足或不干净都会影响实验数据的精度，并会造成油压传感器堵塞等问题。

13.5　思　考　题

视频教学

（1）哪些因素影响液体动压轴承的承载能力及其油膜的形成？形成动压油膜的必要条件是什么？

（2）f-λ 曲线说明什么问题？试解释当 λ 增加时，为什么在非液体摩擦区和液体摩擦区 f 会随之下降和增大？

13.6 液体动压轴承实验报告

班级_____ 姓名_____ 同组者_____ 日期_____ 成绩_____

一、实验目的

二、实验设备及工作原理图

三、实验步骤

四、数据和曲线

1. 实验数据记录。

将实验获得的数据填入表 13-1 和表 13-2 中。

表 13-1 滑动轴承压力分布

工作载荷	转速 /r · min⁻¹	压 力 表 号							
		1	2	3	4	5	6	7	8
Fr1									

表 13-2 滑动轴承摩擦系数（载荷固定，转速变化）

工作载荷 $F =$ （N）

序号	转速/r · min⁻¹	摩擦力矩/N · m	摩擦系数 f	$\eta n/D$
1				
2				
3				

序号	转速/r·min⁻¹	摩擦力矩/N·m	摩擦系数 f	$\eta n/D$
4				
5				
6				
7				
8				

2. 实验结果曲线。

（1）油膜径向压力分布与承载量曲线。

（2）滑动轴承摩擦特性曲线（载荷固定，转速变化）。

五、实验结果分析

六、回答思考题

（1）哪些因素影响液体动压轴承的承载能力及其油膜的形成？形成动压油膜的必要条件是什么？

（2）f-λ 曲线说明什么问题？试解释当 λ 增加时，为什么在非液体摩擦区和液体摩擦区 f 会随之下降和增大？

七、心得体会

14 轴系结构设计实验

14.1 概　　述

任何回转机械都具有轴系结构，因而轴系结构设计是机器设计中最丰富、最需具有创新意识的内容之一。轴系性能的优劣直接决定了机器的性能与使用寿命。由于轴承的类型很多，轴上零件的定位与固定方式多样，具体轴系的种类很多。概括起来主要有：

（1）两端单向固定结构。

（2）一端双向固定、一端游动结构。

（3）两端游动结构（一般用于人字齿轮传动中的一根轴系结构设计）。

如何根据轴的回转转速、轴上零件的受力情况决定轴承的类型；再根据机器的工作环境决定轴系的总体结构；轴上零件的轴向定位与固定、周向的固定来设计机器的轴系是机器设计的重要环节。为了设计出适合于机器的轴系，有必要熟悉常见的轴系结构，在此基础上才能设计出正确的轴系结构，为机器的正确设计提供核心的技术支持。

14.2 实验目的

（1）熟悉和掌握轴的结构与其设计，弄懂轴及轴上零件的结构形状及功能、工艺要求和装配关系。

（2）熟悉并掌握轴及轴上零件的定位与固定方法。

（3）熟悉和掌握轴系结构设计的要求与常用轴系结构。

（4）了解轴承的类型、布置、安装及调整方法，以及润滑和密封方式。

14.3 实验设备和工具

（1）模块化轴段，用其可组装成不同结构形状的阶梯轴。

（2）轴上零件：齿轮、蜗杆、带轮、联轴器、轴承、轴承座、端盖、套杯、套筒、圆螺母、轴端挡圈、止动垫圈、轴用弹性挡圈、孔用弹性挡圈、螺钉、螺母等。

（3）工具：扳手、游标卡尺、内外卡钳、300mm 钢板尺、铅笔、三角板等。

14.4 实验内容与要求

（1）从轴系结构设计实验方案表中选择设计实验方案号。

（2）进行轴的结构设计与滚动轴承组合设计。每组学生根据实验方案规定的设计条件和要求，确定需要哪些轴上零件，进行轴系结构设计。解决轴承类型选择、轴上零件的固定、装拆、轴承游隙的调整、轴承的润滑和密封、轴的结构工艺性等问题。

（3）绘出轴系结构设计装配草图，并应使设计结构满足轴承组合设计的基本要求，即采用何种轴系基本结构。

（4）考虑滚动轴承与轴、滚动轴承与轴承座的配合选择问题。

（5）每人编写实验报告一份。

14.5 实 验 步 骤

（1）明确实验内容，理解设计要求。

（2）复习有关轴的结构设计与轴承组合设计的内容与方法（参看教材有关章节）。

（3）构思轴系结构方案。

1）根据齿轮类型选择滚动轴承型号；

2）确定支承轴向固定方式（两端单向固定；一端双向固定、一端游动）；

3）根据齿轮圆周速度（高、中、低）确定轴承润滑方式（脂润滑、油润滑）；

4）选择端盖形式（凸缘式、嵌入式）并考虑透盖处密封方式（毡圈、皮碗、油沟）；

5）考虑轴上零件的定位与固定，轴承间隙调整等问题；

6）绘制轴系结构方案示意图。

（4）组装轴系部件。

根据轴系结构方案（见表 14-1），从实验箱中选取合适零件并组装成轴系部件，检查轴系结构设计是否合理，并对不合理的结构进行修改。合理的轴系结构应满足表 14-1 所述要求。

表 14-1 轴系结构设计方案

方案类型	方案号	已 知 条 件				轴系结构布置示意图举例
		齿轮类型	载荷	转速	其他条件	
单级齿轮减速器输入（出）轴	1-1	小直齿轮	轻	中	输入轴	
	1-2		中	高	输入轴	
	1-3	大直齿轮	中	低	输出轴	
	1-4		重	中	输出轴	
	1-5	小斜齿轮	轻	中	输入轴	
	1-6		中	高	输入轴	
	1-7	大斜齿轮	中	中	输出轴 轴承反装	
	1-8		重	低	输出轴	

续表 14-1

方案类型	方案号	已 知 条 件				轴系结构布置示意图举例
		齿轮类型	载荷	转速	其他条件	
二级齿轮减速器输入（出）轴	2-1	小直齿轮	轻	高	输入轴	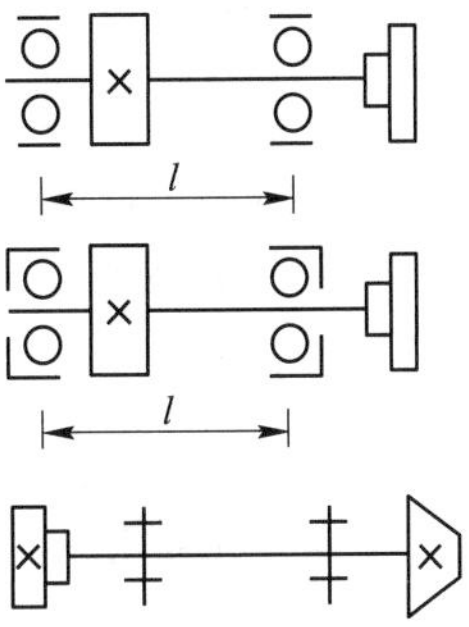
	2-2	小锥齿轮	轻	中	锥齿轮轴轴承反装	
	2-3	大直齿轮	中	中	输出轴	
	2-4	小斜齿轮	中	高	输入轴	
	2-5	小锥齿轮	中	高	锥齿轮与轴分开	
	2-6	大斜齿轮	重	低	输出轴	
二级齿轮减速器中间轴	3-1	小直齿轮 大直齿轮	中	中		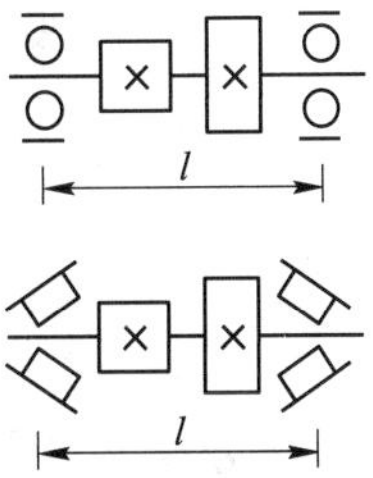
	3-2	小直齿轮 大斜齿轮	重	中		
蜗杆减速器输入轴	4-1	蜗杆	轻	低	发热量小	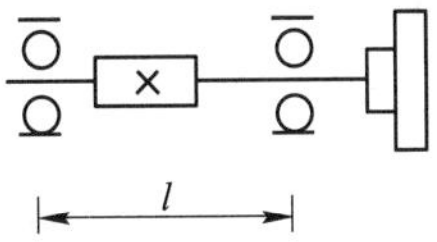
	4-2	蜗杆	重	中	发热量大	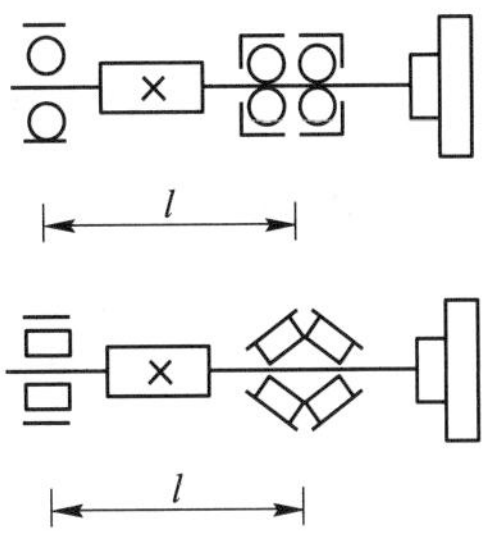

1）轴上零件装拆方便，轴的加工工艺性良好；

2）轴上零件的轴向固定、周向固定可靠；

3）一般滚动轴承与轴过盈配合、轴承与轴承座孔间隙配合；

4）滚动轴承的游隙调整方便；

5）锥齿轮传动中，其中一锥齿轮的轴系设计要求锥齿轮的位置可以调整。

（5）测绘各零件的实际结构尺寸（对机座不测绘、对轴承座只测量其轴向宽度）。

（6）将实际零件放回箱内，排列整齐，工具放回原处。

（7）在实验报告上，按1：1比例绘出测绘轴系的设计装配图，图中应标出：

1）各段轴的直径和长度、支承跨距；

2）滚动轴承与轴的配合、滚动轴承与轴承座的配合、齿轮（或带轮）与轴的配合；

3）轴及轴上各零件的序号。

14.6 思 考 题

（1）轴系结构一般采用什么形式？如工作轴的温度变化很大，则轴系结构一般采用什么形式？

（2）齿轮、带轮在轴上一般采用哪些方式进行轴向固定？

（3）滚动轴承一般采用什么润滑方式进行润滑？

（4）轴上的两个键槽或多个键槽为什么常常设计成同在一条直线上？

轴系结构示例如图14-1～图14-8所示。

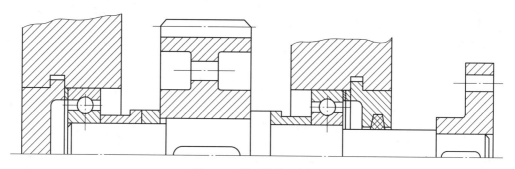

图 14-1 轴系结构示例 1

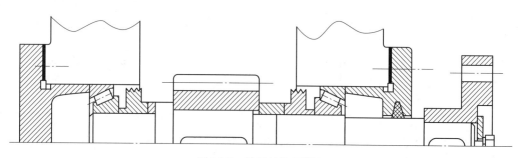

图 14-2 轴系结构示例 2

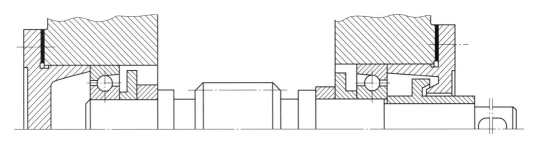

图 14-3   轴系结构示例 3

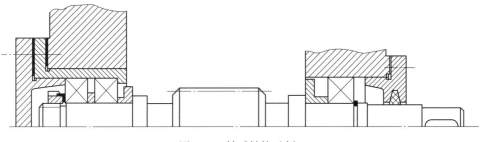

图 14-4   轴系结构示例 4

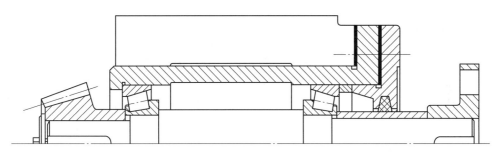

图 14-5   轴系结构示例 5

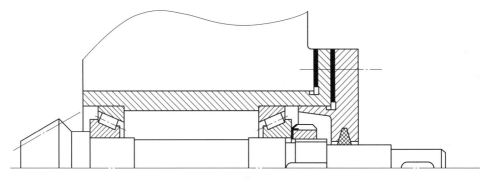

图 14-6   轴系结构示例 6

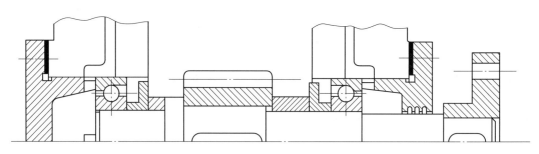

图 14-7　轴系结构示例 7

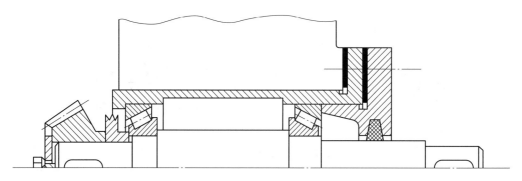

图 14-8　轴系结构示例 8

14.7　轴系结构设计实验报告

班级＿＿＿＿＿＿＿　姓名＿＿＿＿＿＿＿　同组者＿＿＿＿＿＿＿　日期＿＿＿＿＿＿＿　成绩＿＿＿＿＿＿＿

一、实验目的

二、实验内容

　　轴系类型

　　方案编号

三、实验结果

　　1. 轴系结构分析（简要说明轴上零件定位与固定，滚动轴承安装方式及方法、调整、润滑与密封等问题）。

2. 轴系装配图。

四、心得体会

15 机械设计综合实验

15.1 实 验 目 的

通过机械设计综合实验，使机械设计制造及自动化专业类学生对机械原理、机械设计形成整体概念，掌握有关机械设计的基本理论知识和设计方法，经历从设计到完成机电一体化系统装置的整个过程，提高学生综合运用各门知识、解决实际问题的能力，并在实验中培养创新能力、想象力和科学技能。

15.2 实 验 内 容

以第九届全国大学生机械创新设计大赛的题目为主题，4~5 人一组，任选一种装置进行机械设计，要求提供装置的三维模型和工程图一套。

第九届全国大学生机械创新设计大赛的通知如下。

第九届全国大学生机械创新设计大赛（2020 年）的主题为"智慧家居、幸福家庭"。内容为"设计与制作用于（1）帮助老年人独自活动起居的机械装置；（2）现代智能家居的机械装置"。

设计时应注重综合运用所学"机械原理""机械设计"等课程的设计原理与方法，注重作品原理、功能、结构上的创新性。

实验作品必须以机械设计为主，提倡采用先进理论和先进技术，如机电一体化技术等。对作品的评价不以机械结构为单一标准，而是对作品的功能、设计、结构、工艺制作、性能价格比、先进性、创新性、实用性等多方面进行综合评价。在实现功能相同的条件下，机械结构越简单越好。

15.3 实验报告要求

（1）简要说明设计作品的功能及创新点，提交设计说明书一份。

（2）需提交"完整的设计说明书并附主要设计图纸"。其中主要设计图纸包括（A2 或 A3）总装配图、部件装配图和若干重要零件图。设计图纸务必达到正确、规范的要求。

（3）实验总结。

15.4　机械设计综合实验报告

班级＿＿＿＿＿＿　姓名＿＿＿＿＿＿　同组者＿＿＿＿＿＿　日期＿＿＿＿＿＿　成绩＿＿＿＿＿＿

一、实验目的

二、实验内容

1. 简要说明设计作品的功能及创新点，提交设计说明书一份。

2. 需提交"完整的设计说明书并附主要设计图纸"。其中主要设计图纸包括（A2 或 A3）总装配图、部件装配图和若干重要零件图。设计图纸务必达到正确、规范的要求。

三、心得体会

参 考 文 献

[1] 孙桓，陈作模，葛文杰．机械原理［M］.8 版．北京：高等教育出版社，2013.

[2] 濮良贵，陈国定，吴立言．机械设计［M］.9 版．北京：高等教育出版社，2013.

[3] 杨可桢，程光蕴，等．机械设计基础［M］.6 版．北京：高等教育出版社，2013.

[4] 闻邦椿．机械设计手册［M］.6 版．北京：机械工业出版社，2018.

[5] Robert. L. Norton. 机械设计［M］．黄平，等译．原书第 5 版．北京：机械工业出版社，2016.

[6] 吴军，蒋晓英．机械基础综合实验指导书［M］．北京：机械工业出版社，2014.

[7] 闫玉涛，李翠玲，张风和．机械原理与机械设计实验教程［M］．北京：科学出版社，2015.

[8] 翟之平，刘长增．机械原理与机械设计实验［M］．北京：机械工业出版社，2016.

[9] 汤赫男，孟宪松．机械原理与机械设计综合实验教程［M］．北京：电子工业出版社，2019.

[10] 赵骋飞．机械原理与机械设计实验指导书［M］．北京：机械工业出版社，2019.

[11] 程志红，王洪欣．机械原理与设计实验教程［M］．徐州：中国矿业大学出版社，2022.

[12] 朱聘和，王庆九，汪九根，等．机械原理与机械设计实验指导［M］．杭州：浙江大学出版社，2010.

冶金工业出版社部分图书推荐

书 名	作 者			定价（元）
《材料成型机械设备》（本科）	高彩茹	花福安	邱以清	43.00
	高秀华	曹富荣		
《画法几何及机械制图习题集》（第2版）	许纪倩			18.00
《轧钢机械》（第3版）（本科）	邹家祥			59.00
《机械制造基础》	张平宽			49.00
《轧钢机械设计》（第2版）（上册）	马立峰			46.00
《轧钢机械设计》（第2版）（下册）	马立峰			49.00
《机械制图》（第2版）	阎霞			46.00
《机械制图习题集》（第2版）	阎霞			35.00
《机械加工专用工艺装备设计技术与案例》	胡运林			55.00
《机械优化设计方法》（第4版）	陈立周	俞必强		42.00
《起重与运输机械》	纪宏			35.00
《机械制造工艺与实施》（高职高专）	胡运林			39.00
《机械工程材料》	王廷和	王进		22.00
《机械设备维修基础》	闫嘉琪	李力		28.00
《机械制造基础》	赵时璐			45.00
《Course Design of Mechanical Design》	李媛	戴野	姜长顺	15.00
《机械工程安装与管理——BIM技术应用》	邓祥伟	张德操		39.00
《电子技术实验汉英双语教程》	任国燕	周红军		29.00
《科研实用软件简明教程》	李小明	吕明	邢相栋	52.00
	邹冲			
《智造创想与应用开发研究》	廖晓玲	徐文峰	徐紫宸	35.00
《Multisim虚拟工控系统实训教程》	王晓明	沈明新		20.00
《智能控制理论与应用》	李鸿儒	尤富强		69.90
《虚拟现实技术及应用》	杨庆	陈钧		49.90
《电机与电气控制技术项目式教程》	陈伟			39.80
《自动控制原理及应用项目式教程》	汪勤			39.80
《智能生产线技术及应用》	尹凌鹏	刘俊杰	李雨健	49.00
《网络系统设计与管理》	黄光球			47.00
《工业自动化生产线实训教程》（第2版）	李擎	阎群	崔家瑞	39.00
	杨旭			
《液压可靠性设计基础与设计准则》	湛从昌			89.00
《油膜轴承蠕变理论》	王建梅			46.00
《油膜轴承磁流体润滑理论》	王建梅			56.00
《带式输送机通廊设计》	杨九龙	嵇德春	杨洁	39.00
	姜蔼如			
《多元装备系统可靠性新概论》	徐功慧			58.00
《面向短文本的主题模型技术》	吴迪			68.00
《工程装备电控系统故障检测与维修技术》	杨小强	李焕良	彭川	59.00
《Robust 3D Visual Tracking for Multicopters》	付强	郑子亮		66.00
《模型驱动的软件动态演化过程与方法》	谢仲文			99.90
《全地面起重机伸缩臂架稳定性研究》	姚峰林			86.00